基础前沿科学史丛书

给青少年讲宇宙科学

王爽 著

U0223962

清华大学出版社
北京

图书在版编目（CIP）数据

给青少年讲宇宙科学 / 王爽著. — 北京：清华大学出版社，2022.10
（基础前沿科学史丛书）
ISBN 978-7-302-61944-4

Ⅰ.①给…　Ⅱ.①王…　Ⅲ.①宇宙—青少年读物　Ⅳ.①P159-49

中国版本图书馆CIP数据核字（2022）第180869号

责任编辑：胡洪涛
封面设计：意匠文化·丁奔亮
责任校对：王淑云
责任印制：宋　林

出版发行：清华大学出版社
　　　　　网　　址：http://www.tup.com.cn, http://www.wqbook.com
　　　　　地　　址：北京清华大学学研大厦A座　　邮　　编：100084
　　　　　社 总 机：010-83470000　　　　　　　邮　　购：010-62786544
　　　　　投稿与读者服务：010-62776969, c-service@tup.tsinghua.edu.cn
　　　　　质量反馈：010-62772015, zhiliang@tup.tsinghua.edu.cn
印 装 者：三河市龙大印装有限公司
经　　销：全国新华书店
开　　本：165mm×235mm　　印　　张：11　　字　　数：119千字
版　　次：2022年11月第1版　　　　　　印　　次：2022年11月第1次印刷
定　　价：55.00元

产品编号：097598-01

丛书序

给面向青少年的科普出版点一把新火

2022年是《中华人民共和国科普法》通过的第20年，在这样一个对科普工作意义不凡的年份，由北京市科学技术委员会（以下简称市科委）发起，清华大学出版社组织的"基础前沿科学史丛书"正式出版了。这套书给面向青少年的科普出版点了一把新火。

2022年9月4日，中共中央办公厅、国务院办公厅印发《关于新时代进一步加强科学技术普及工作的意见》，进一步强调"科学技术普及是国家和社会普及科学技术知识、弘扬科学精神、传播科学思想、倡导科学方法的活动，是实现创新发展的重要基础性工作"。科学技术普及是科技知识、科学精神、科学思想、科学方法的薪火相传——是"薪火"，也是"新火"。

市科委搭台，出版社唱戏，这套书给面向青少年的科普图书出版模式点了一把新火。市科委于2021年11月发布了"创作出版'基础前沿科学史'系列精品科普图书"的招标公告,明确要求中标方在一年的时间内,以物质科学、生命科学、宇宙科学、脑科学、量子科学为主题,组织"基础前沿科学史"系列精品科普图书(共5册)出版工作;同步设计制作科普电子书;通过网络媒体对图书进行宣传推广等服务内容。这些服务内容以融合出版为基础,以社会效益为初心。服务内容的短短几句话,每一句背后都是特别繁复的工作内容。想在一年的时间内,尤其是在2022年新冠肺炎疫情期间,完成这些工作的难度可想而知,然而秉承"自强不息,厚德载物"的清华大学出版社的出版团队做到了。

中国科学家,讲好中国故事,这套书给面向青少年的科普图书选题内容点了一把新火。中国特色社会主义进入新时代,新一轮科技革命和产业变革正在深入发展,基础前沿科学改变着人们的生产生活方式及思维模式。《中华人民共和国国民经济和社会发展第十四个五年规划和2035年远景目标纲要》提出:在事关国家安全和发展全局的基础核心领域,制定实施战略性科学计划和科学工程。物质科学、生命科学、宇宙科学、脑科学、量子科学等领域,迫切需要更多人才参与研究,而前沿科学人才的建设培养,要从青少年抓起。这5本书的作者都是中国本土从事相关专业领域工作的科学家,这5本书都是他们依托自己工作进行的原创性工作。虽然内容必然涉及科学史的内容,但中国科学家尤其是近些年的贡献也得到了充分展示。

初心教育,润物无声,这套书给面向青少年的科普图书科普创作点了一把新火。习近平总书记提出：科技创新、科学普及是实现创新发展的两翼，要把科学普及放在与科技创新同等重要的位置。因此，针对前沿科技领域知识的科普成为重点。如何创作广受青少年欢迎的优秀科普图书，充分发挥科普图书的媒介作用，帮助青少年树立投身前沿科学领域的梦想，是当前科普出版工作的重点之一，这对具体的科普创作方法提出了要求。这套书，看得出来在创作之初即统一了整体创作思路，在作者进行具体创作时又保持了自己的语言习惯和科普风格。这套书充分体现了，面向青少年的科普图书创作，应该循序渐进，张弛有度，绘声绘色，娓娓道来，以科学家的故事吸引他们，温故科学家的研究之路，知新科学家的科研理念，以科学精神润物细无声。

靡不有初，鲜克有终。2022 年 10 月 16 日，习近平总书记在中国共产党第二十次全国代表大会报告中强调"教育、科技、人才是全面建设社会主义现代化国家的基础性、战略性支撑"。且将新火试新茶，诗酒趁年华。希望清华大学出版社的这套"基础前沿科学史丛书"为广大青少年推开科学技术事业的一扇门，帮助他们系好投身科学技术事业的第一粒扣子，在全面建设社会主义现代化强国的新征程上行稳致远。

中国工程院院士

清华大学教授

前　言

　　2017年夏天，我开始规划一场名为"宇宙奥德赛"的环游宇宙之旅。

　　下图就是宇宙奥德赛之旅的规划图。旅程的前半段是空间之旅。我们从地球出发，按照由近及远的顺序，依次游历以太阳系为代表的行星世界、以银河系为代表的恒星世界和银河系之外的星系世界，最终到达宇宙的尽头，同时也是时间的起点。旅程的后半段则是时间之旅。我们会从宇宙创生的时刻出发，在时间长河中顺流而下，依次探寻宇宙起源、生命诞生和宇宙命运的奥秘，并最终回到今天的地球。旅程结束后，我们就能真正了解人类最终极的三大哲学问题（我是谁？我从哪里来？我将往何处去？）的答案。

　　图中除"地球"和"宇宙"以外的每一个圆，都代表一本科普书。换言之，我计划用6本科普书的篇幅，来完成这场宇宙奥德赛之旅。

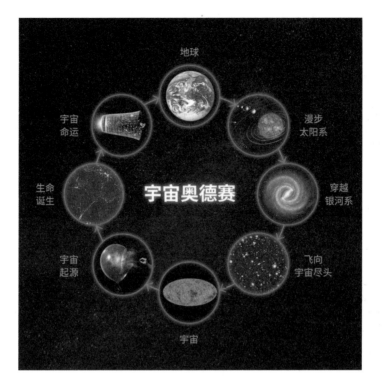

"宇宙奥德赛"系列的前两本书,《宇宙奥德赛:漫步太阳系》和《宇宙奥德赛:穿越银河系》,目前的豆瓣评分分别为9.1和9.2,双双跻身于读者口碑最好的中国本土科普书之列。此系列的第三本书,《宇宙奥德赛》也将于今年年底出版。

今年年初,清华大学出版社的胡洪涛主任问我,能不能写一本为青少年介绍宇宙科学的科普书。很自然地,我就想到可以写一个宇宙奥德赛之旅的简略版,也就是本书。

本书的逻辑主线,就是上图所展示的宇宙奥德赛之旅。我从这趟环游宇宙之旅中精选了12个最重要的主题,包括日心说和地心说、天文距离测量简史、标准烛光、银河系的大小、可观测宇宙的大小、宇宙膨胀、暴涨、宇宙大爆炸、宇宙微波背景、恒星的一生、暗物质与暗能量、宇宙的终极命运。前6个主题，描述了前半段的宇宙空间之旅；而后6个主题，则描述了后半段的宇宙时间之旅。对这12个精选主题的阅读，可以为你构建一个关于宇宙的知识体系的骨架。

写作手法上，本书有两个最核心的特点：1.内容可视化。全书几乎没有数学公式，所有科学知识都转化成了可视化的物理图象，再用通俗易懂的比喻来加以解释。2.故事驱动。为了增加趣味性，书中穿插了大量的科学家的逸闻趣事。此外，我也借鉴了评书的创作技巧，在每一章的结尾都留下了一个承前启后的科学问题。相信你能感受到此书中倾注的心血和诚意。

准备好了吗？那我们就开始这场环游宇宙之旅吧。

目 录

日心说和地心说 1

  估计很多人都听过这样的说法：1543 年，波兰大天文学家哥白尼（Kopernik）提出了日心说，从而一举打破了长期居于绝对统治地位的地心说，实现了天文学的伟大变革。

  我要告诉你的是，这种说法是错的。地心说和日心说的斗争历史，其实异常的曲折和漫长。

  所以这门宇宙科学的第一节课，我就来讲讲地心说和日心说斗争的曲折历史。

  早在 2000 多年前，古希腊人就提出了地心说和日心说。

  人类很早以前就观察到，日月星辰似乎都在周而复始地绕着地球旋转。所以绝大多数人都认为，地球位于整个宇宙的中心。地心说就是这么起源的。

  图 1 就展示了地心说的基本图像。地球位于宇宙的中心，就像是位于一个城市的市中心。地球周围有

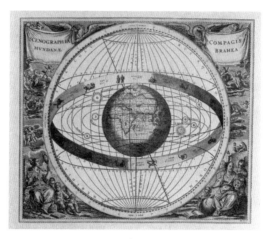

图1

7个圆形的轨道，相当于城市的7环：按从内到外的顺序，依次是月球、金星、水星、太阳、火星、木星和土星。这7个天体都在各自的圆形轨道上，沿着相同的逆时针方向绕地球旋转。在7环之外，还有一个大天球，其他的星星就散布在这个天球之上。

顺便说一下。地心说最大牌的支持者，是古希腊大哲学家亚里士多德（Aristotle）。他提出了下面这个思想实验，来论证地球必须静止不动：

一个人原地向上跳，如果地球在运动，那么当此人落地时，就无法落回原地，而会落到其他的位置。但真实情况是，此人肯定会落回原地。所以亚里士多德就宣称，地球一定是静止不动的。

当然，以我们今天的眼光来看，亚里士多德的论证无疑是错的。聪明的读者，你猜到他到底错在哪里了吗？

不过，尽管有亚里士多德这样的超大牌支持者，地心说在古希腊时代并没有一统天下。因为它有一个很致命的缺陷，那就是行星逆行。之前说过，地心说认为，所有的行星都必须沿逆时针方向绕地球旋转。但是人们很早就发现，很多行星的旋转方向经常会突然变成顺时针。这种行星旋转方向突然改变的现象，就是所谓的行星逆行。这对早期的地心说来说，可谓是致命一击。

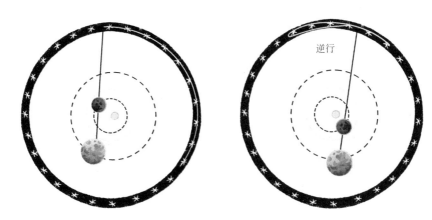

所以，就有了一群反对地心说的人。其中的代表人物，是古希腊天文学家阿利斯塔克（Aristarchus）。

阿利斯塔克的理论源于一个哲学命题。他认为，世界的本源是火。

既然火是万物的本源，那么火一定得位于全宇宙最重要的位置，也就是中心。所以，宇宙的中心一定是太阳。这就是日心说的起源。

图 2 就展示了日心说的基本图像。太阳位于宇宙的中心。在太阳的周围还有 6 个圆形轨道，相当于城市的 6 环：按从内到外的顺序，依次是水星、金星、地球、火星、木星和土星。这 6 颗行星都在各自的圆形轨道上，沿着相同的逆时针方向绕太阳旋转。而在 6 环之外，则是一个

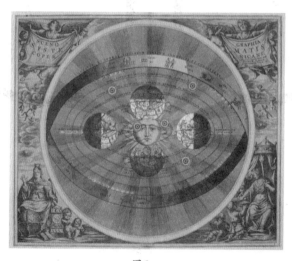

图 2

散布着各种星星的大天球。

与地心说相比，日心说最大的优势是它可以很轻松地解释行星逆行的现象。所以尽管阿利斯塔克远远不如亚里士多德大牌，日心说依然与地心说分庭抗礼了将近 500 年。

直到公元 140 年，一个超级天才的横空出世，才彻底打破了地心说和日心说之间的平衡。此人就是古罗马帝国大天文学家克罗狄斯·托勒密（Claudius Ptolemaeus）。

托勒密为什么能打破地心说和日心说之间的平衡呢？答案是，他对最早期的地心说进行了修改，从而破解了地心说无法解释行星逆行现象的世纪难题。

为了介绍托勒密的理论，我要拿一个在现实世界里很常见的事物进行类比，那就是游乐园里的旋转咖啡杯。

一般而言，旋转咖啡杯的中心会有一个茶壶。在茶壶的周围会有一个大圆的轨道，上面分布着一些圆形的咖啡杯。除了能绕茶壶旋转以外，

咖啡杯自己也可以旋转。当机器开动以后，游客会坐在咖啡杯的边缘，既绕着茶壶的大圆轨道旋转，又绕着咖啡杯的小圆轨道旋转。

托勒密的解决之道和这个旋转咖啡杯的图像非常类似。他认为，地球并不在宇宙的正中心，而是与真正的中心有一个很微小的偏离。更关键的是，包括金星、水星、火星、木星、土星在内的五颗行星，都像是乘坐旋转咖啡杯的游客：首先，行星会在一个叫本轮的小圆上旋转，就像是咖啡杯的小圆轨道；然后，本轮圆心又会在一个叫均轮的大圆上旋转，就像是茶壶的大圆轨道。因此，行星的运动轨迹是由本轮和均轮这

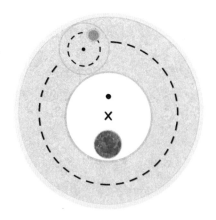

两个圆周运动组合而成的。

引入这个类似于旋转咖啡杯的本轮－均轮体系，能让行星的运动轨迹变复杂。此外，这个本轮－均轮体系还可以不断地拓展。例如，你可以把原来的本轮视为一个新的均轮（相当于把原来的咖啡杯当成新的茶壶，即第 2 层均轮），然后在它周围画更小的本轮（即第 2 层本轮）。也可以把第 2 层本轮当成第 3 层均轮，然后在它周围画第 3 层本轮。随着层数的不断增加，行星的运动轨迹就会变得越来越复杂。这样一来，行星逆行的现象就很容易解释了。

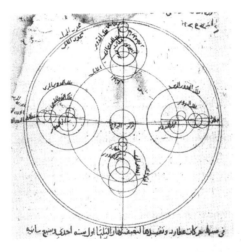

简单地总结一下。通过引入类似于旋转咖啡杯的本轮－均轮体系，托勒密在地心说的理论框架下，成功地解决了行星逆行的世纪难题。这样一来，经过托勒密改良的地心说（地球很靠近宇宙的中心，月球和太阳还是以圆形轨道绕地球旋转，五颗行星则位于多层嵌套的旋转咖啡杯上），就一举击败了与自己缠斗数百年的日心说。

而到了 13 世纪，一个叫托马斯·阿奎纳（Thomas Aquinas）的

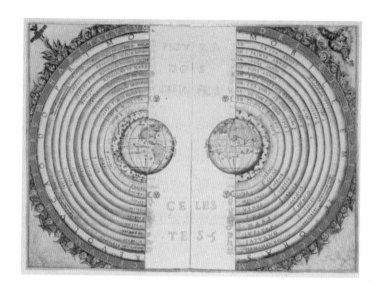

神学家让地心说的地位更上一层楼。他把地心说融入天主教神学体系中。一旦质疑地心说，就相当于质疑天主教本身。这样一来，地心说就一统天下了。

但300年后，另一个人的出现，让胜负的天平再次发生了偏移。此人就是波兰大天文学家哥白尼。1543年，他出版了一本宣扬日心说的

书，叫《天休运行论》。正是这本书，让被遗忘了 1400 多年的日心说死灰复燃。

有趣的是，这本书其实差点儿就被哥白尼带进坟墓。

这是因为哥白尼的本职工作是一名天主教教士，所以他心里很清楚，公开宣扬日心说会得罪整个天主教会。因此，尽管他在 40 岁的时候就已经开始在一个小圈子里宣扬自己的理论，却始终不肯著书出版。

那这本书后来为何又出版了呢？是由于一个不速之客。此人就是奥地利数学家格奥尔格·雷蒂库斯（Georg Rheticus）。

1539 年，雷蒂库斯了解到了哥白尼改良后的日心说，顿时觉得醍醐灌顶。为此，他专门跑到波兰去找哥白尼，想游说哥白尼著书出版此理论，结果却吃了闭门羹。

但雷蒂库斯锲而不舍。此后两年多的时间，他就像块牛皮糖，死死粘住了哥白尼，反复游说哥白尼一定要著书立说。最后，哥白尼终于招架不住，交出了《天体运行论》的书稿。

拿到书稿以后，雷蒂库斯就开始寻找愿意资助出版此书的出版商。一年后，他找到了一个愿意出钱的出版商。一切终于走上了正轨。

由于在《天体运行论》中有大量的公式和图表，必须得有一个专家来做此书的编辑，以保证内容的准确性。雷蒂库斯做了半年的编辑工作。但他后来有急事，不得不中途离开。临走前，雷蒂库斯找了个继任者，叫奥西安德尔（Osiander）。

既荒诞又搞笑的事情来了。

奥西安德尔接手了编辑工作以后才发现，这本书竟敢公然反对地心说，顿时觉得自己上了一条贼船。为了避免池鱼之殃，他干了一件今天的编辑连想都不敢想的事情：瞒着哥白尼和雷蒂库斯，伪造了一篇前言，宣称此书"并不是一种科学的事实，而是一种富于戏剧性的幻想"。

不过这个伪造前言的恶行并没有受到追究。因为当此书正式出版的时候，哥白尼已经去世了。

很多中小学科学读物讲到这段历史的时候，都会说："哥白尼提出的日心说一举打破了地心说的统治地位，实现了天文学的伟大变革。"

这个说法是错的。

在哥白尼重新提出日心说后的大半个世纪里，地心说的地位依然坚如磐石。直到 17 世纪初，两个科学巨人的横空出世，才让胜利的天平倒向日心说。

先讲讲日心说为何迟迟得不到学术界的认可。原因在于，它无法解释火星的轨道异常。

按照日心说的观点，太阳位于宇宙的中心；其他的行星，都沿着圆形轨道绕太阳公转。但人们后来发现，火星的运动轨道相当诡异，并不是一个完美的圆。哥白尼本人也意识到了这个问题。无奈之下，他引入了托勒密的本轮－均轮体系，把火星也放在一个"旋转咖啡杯"上。但这样一来，日心说就失去了它相对于地心说的最大优势：数学上简单明了。

破解这个难题的是我们要讲的第一个科学巨人——德国大天文学家约翰内斯·开普勒（Johannes Kepler）。

开普勒被后人称为"天上的立法者"。他之所以有这样的盛名，是

因为他在 17 世纪初提出了著名的"行星运动三定律"。在这三条定律中，最具颠覆性的是第一定律。它说的是，行星绕太阳公转的轨道并不是圆，而是椭圆。这就解释了火星的轨道异常。因为火星绕太阳旋转的轨道，正是椭圆。

开普勒的发现让日心说有了和地心说平起平坐的实力。但要想真正打败地心说，必须发现一种特殊的自然现象；这种自然现象用地心说根本说不通，用日心说却能完美地解释。

发现这种自然现象的人，就是我们要讲的第二个科学巨人，此人就是被后人称为"现代科学之父"的伽利略（Galileo）。

伽利略发现这种自然现象的故事，得从一个不相干的人讲起。

1608 年，一个荷兰眼镜店老板偶然发现用两块前后放置的镜片可以看清远处的物体，进而造出了人类历史上的第一架望远镜。这个消息传到了意大利，立刻引起了伽利略的浓厚兴趣。

1609 年，伽利略制造了一个质量更好的望远镜，能把远处的物体

放大 30 多倍。然后，他做了一件意义非凡的事情：把这个望远镜指向了太空。

这个举动，宣告了现代天文学的诞生。

伽利略第一次用望远镜仰望太空的心情，应该和阿里巴巴第一次看见满山洞财宝的心情差不多。用这个望远镜，他发现了很多人类前所未

见的景象，比如太阳黑子、月球环形山和木星卫星。其中最有影响力的发现，直接导致了地心说的衰落和日心说的崛起，那就是金星盈亏。

什么是金星盈亏呢？我们不妨用月球盈亏来做一下类比。

相信很多人都知道，月球是有盈亏的。为什么月球会有盈亏呢？因为月球本身不发光，只能反射太阳光。由于月球一直在绕地球旋转，它既能跑到地球和太阳之间，也能跑到地球的背后。如果月球跑到了地球和太阳之间，它就会把后面射来的太阳光挡住，让我们无法看到它，这就是月球的"亏"；如果月球跑到了地球的背后，它就可以完全地反射太阳光，让我们看到一轮圆月，这就是月球的"盈"。

与月球不同的是，金星无法跑到地球的背后。不过，它有可能跑到太阳的背后。如果金星跑到了地球和太阳之间，它就会挡住后面射来的太阳光，让我们看不到它，这就是金星的"亏"；如果它跑到太阳的背后，就可以完全地反射太阳光，让我们看到一个最圆最亮的金星，这就是金星的"盈"。

知道了金星盈亏的概念，我们就可以来讲讲如何判断地心说和日心

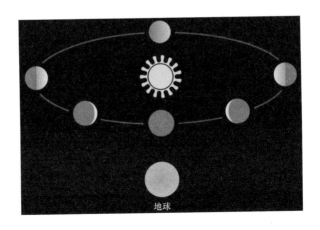

地球

说的对错了。问题的关键在于，金星到底是绕地球旋转还是绕太阳旋转。

天文观测表明，金星一直都在太阳周围活动。在地心说中，金星一直在绕地球旋转；要想解释金星总在太阳周围活动的观测结果，金星和太阳就必须以差不多的角速度绕地球旋转。在这种情况下，金星就只能一直处于地球和太阳中间，永远不可能出现"盈"的状态。

而在日心说中，金星一直绕太阳旋转，所以能自然而然地解释为什么金星总在太阳周围。更重要的是，在这种情况下，金星也可以跑到太阳的背后，从而出现"盈"的状态。

所以地心说和日心说就有一个最本质的区别。在地心说中，金星绕地球旋转，因此只能"亏"不能"盈"；而在日心说中，金星绕太阳旋转，因此既能"亏"又能"盈"。这样一来，通过观察金星能否出现"盈"的状态，就可以判断它到底绕着谁旋转，进而判断地心说和日心说的对错。

1610 年，伽利略用他自制的望远镜，真真切切地看到金星确实出现了"盈"的状态。在一封寄给朋友的信中，伽利略富有诗意地写道："爱之母（金星）正在效仿辛西娅（月亮女神）的风姿。"同一年，他把这个发现写进了自己的传世名著《星际信使》，从而敲响了地心说的丧钟。

打败地心说后，日心说就成了天文学界的经典理论；它的统治，一直延续到了 20 世纪初。

以今天的眼光来看，日心说的错误也是很明显的：宇宙的中心，当然不可能是太阳。那么，为什么今天看来错误相当明显的日心说，却能继续统治天文学界长达 300 年？

欲知详情，请听下回分解。

天文测距简史 2

上节课的结尾，我们提出了这样一个问题：为什么今天看来错误明显的日心说，却能统治天文学界长达 300 年？要想回答这个问题，我必须先讲讲人类在 20 世纪以前测量遥远天体距离的历史。

图 3 就展示了 20 世纪前的天文距离测量的核心历史。简单地说，人类实现了"三级跳"：其中的一级跳，是利用几何学的知识，测出了地球的直径；而二级跳，是以地球直径为尺，通过观察金星凌日现象，测出了太阳和地球的距离（即日地距离）；至于三级跳，是以日地距离为尺，基于三角视差方法，测出了更遥远的恒星的距离。

听起来是不是有点儿云里雾里？那我接下来就详细地介绍一下。

先说一级跳：如何测出地球的直径。

要测地球的直径，就相当于要测地球的周长。那

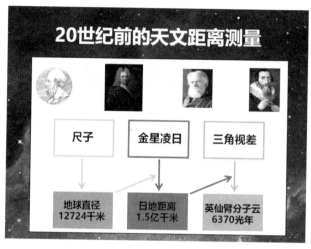

图 3

么，地球的周长该怎么测量呢？

按常理来说，这根本就是个不可能完成的任务。因为地球表面 70%
的区域都被海水覆盖。由于海洋的阻隔，根本不可能沿地球赤道走一圈，
进而用尺子量出地球的周长。

不过，有人想出了一个另辟蹊径的妙招：先用尺子量出地球表面一
段圆弧的长度，再想办法确定这段圆弧对应的圆心角（如下图所示）。
这样一来，就能确定这段圆弧相对于地球周长的比例，进而算出地球的
周长和直径。

世界上第一个准确测出地球周长和直径的人，是古希腊大哲学家埃
拉托色尼（Eratosthenes）。

埃拉托色尼被后世称为"地理学之父"。像经度和纬度的概念，都
是他最早提出的。

但即使是这样的顶级"大牛"，早年过得也不是很如意。在前半

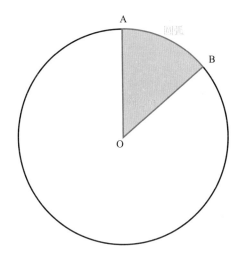

生，他一直被别人叫作"千年老二"。这是因为有个人样样都比他厉害。此人就是宣称"只要给我一个支点，我就能撬起地球"的阿基米德(Archimedes)。

眼看自己没有斗过阿基米德的希望，埃拉托色尼选择了远走他乡。他接受了埃及国王托勒密一世的邀请，跑到埃及做了亚历山大图书馆的馆长。

托勒密一世希望，能在有生之年看到亚历山大图书馆变成全世界最大的图书馆。这并不是一件简单的事。因为当时的亚历山大图书馆与雅典的图书馆还有很大的差距。

埃拉托色尼用一种很奸诈的手段，完成了托勒密一世的夙愿。他先向雅典的图书馆付了一大笔钱，把它的大量藏书都借到埃及展览。然后，他又找了一大批馆员来临摹藏书副本。这些副本临摹得特别好，几乎达到了以假乱真的程度。所以，最后还书的时候，埃拉托色尼就只还了这些藏书的副本，而把真品留在了自己的图书馆里。靠着这样的手段，亚历山大图书馆很快成了当时全世界最大的图书馆。

在当馆长之余，埃拉托色尼也会利用图书馆的资源进行学术研究。他一生中最有名的研究工作，就是对地球周长的测量。他是怎么测量的呢？答案是，用到了一口特殊的井。

埃及南部有一个叫赛伊尼的城市。这个城市有一口有名的深井：在夏至日的正午时分，太阳光恰好能直射到这口深井的井底（之所以会有这样的现象，是因为这口井恰好位于北回归线上）。这个现象很有名，每年夏至日都能吸引到不少的游客。埃拉托色尼发现，它还能用来测量地球的周长。

听起来好像有点儿不知所云？其实只要用一点简单的几何学知识，就可以把它说清楚。

图4就是埃拉托色尼测量地球周长的原理图。此图展示了夏至日的正午时分，太阳光照射埃及的情况。

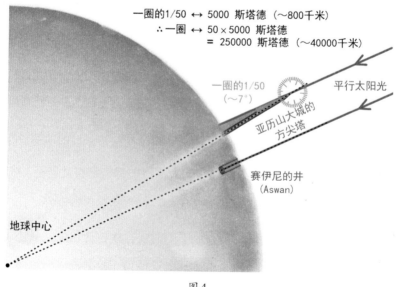

图4

图 4 中的紫色圆柱就是赛伊尼的那口深井。前面说过，在夏至日的正午时分，红色平行线所代表的太阳光可以直射到这口深井的井底。这意味着，这束直射井底的太阳光恰好可以穿过地球的球心。在同一时刻，埃拉托色尼在亚历山大城测量一个很高的方尖塔（即橙色长条）的阴影长度，并以此算出这个方尖塔与太阳光之间的夹角（即绿色夹角）约为 7.2°。利用初中几何的知识，就可以知道这个夹角恰好等于赛伊尼和亚历山大城之间的那段圆弧相对于地球球心的圆心角。因为环绕地球一圈的圆弧角度是 360°，所以这两座城市之间的距离约为地球周长的1/50。

知道了赛伊尼和亚历山大城之间的圆弧占整个地球周长的比例后，接下来就只需量出这段圆弧的长度（即赛伊尼的井和亚历山大城方尖塔之间的距离）。为此埃拉托色尼专门派出了一支商队，用尺子一点点地量出两地之间的距离约为 5000 斯塔德（1 斯塔德 =157 米）。由此可以算出，地球的周长约为 250000 斯塔德。

古埃及人的 1 斯塔德，相当于现代人的 157 米。所以埃拉托色尼的测量结果，相当于今天的 39250 千米。拿它和今天的结果对比一下。根据地球卫星的测量结果，地球的周长是 40076 千米。换言之，埃拉托色尼在 2200 多年前测出的地球周长与今天最精确的测量结果，只有区区2% 的误差。

一旦知道地球周长，就可以算出地球直径，大概是 12724 千米。这样一来，人类就完成了天文距离测量的一级跳。

再说二级跳：如何测出日地距离。

很明显，日地距离就更不可能用尺子直接测量了。所以，同样得另辟蹊径，用几何学的办法，算出太阳和地球之间的距离。

最早想到这个办法的人，是英国著名天文学家埃德蒙多·哈雷（Edmond Halley）。

哈雷是一个典型的少年天才。19 岁那年，还在读本科的哈雷就成了英国首任皇家天文学家约翰·弗兰斯蒂德 (John Flamsteed) 的助手。在弗兰斯蒂德的资助下，哈雷跑到南大西洋的一个小岛上，建立了南半球的第一个天文台。随后，他在那里绘制了全世界第一张南天星表，并因此当选为英国皇家学院院士。那一年，哈雷只有 22 岁。

哈雷后来又做出了一大堆杰出的贡献。例如，他算出了哈雷彗星的轨道，并预言它每隔 76 年就会回归一次；他也制作了世界上第一张气象图，发明了世界上第一个潜水钟，还写了世界上第一篇关于人寿保险的论文。

　　而对天文学影响最深远的，是他在 1716 年发表的一篇论文。在这篇论文中哈雷指出，通过对金星凌日的仔细观察，就可以测出地球与太阳间的距离。

　　什么是金星凌日呢？为了便于理解，我还是用月球来进行类比。我们知道，月球有时能跑到地球和太阳的中间，挡住太阳光射向地球的路线，这就是日食。同样的道理，金星有时也能跑到地球和太阳的中间。这时在地球上观测，就可以看到一个小黑点在太阳表面缓慢地穿行。一般来说，这个小黑点要花几小时才能通过太阳的表面。这个现象就是"金星凌日"。

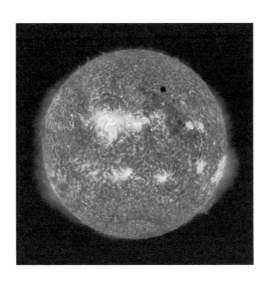

　　知道了什么是金星凌日，我们就可以看图说话，来讲讲用金星凌日测量日地距离的原理图了。

　　图 5 中左边的黄色大球代表太阳，右边的蓝色小球代表地球，太阳与地球之间的黑色圆点代表金星。

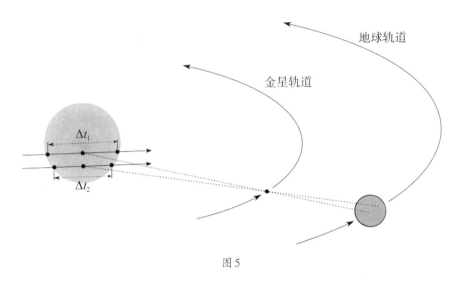

图 5

哈雷指出，可以在地球上两个经度相同而纬度不同（最好纬度相差较大）的地点同时观测金星凌日。从图 5 中很容易看到，在这两地看到的金星凌日的轨迹（即太阳上的两条黑色实线）截然不同，从而在这两地测出的金星凌日持续时间会出现一定的差异。通过比较两者之间的时间差，能算出金星与地球上这两地所构成的等腰三角形的顶角。知道了这个顶角，再利用地球直径和两地纬度算出这两地之间的距离，就可以知道地球与金星之间的距离。

知道了地球与金星之间的距离，再利用开普勒行星运动第三定律（即行星运动周期的平方与其椭圆轨道半长轴的立方成正比），就能算出日地距离了。

哈雷以一己之力，提出了利用几何学和金星凌日测量日地距离的方法。那接下来，就该好好观测金星凌日了。

但问题在于，金星凌日是一种极为罕见的天文现象。它总是成对出

现，且两次金星凌日之间总是相隔 8 年。如果这两次金星凌日都没赶上，那就只能再等 100 多年，才能看到下一对的金星凌日。

1761 年，也就是哈雷去世的 19 年后，天文学家终于等到了观测金星凌日的机会。但遗憾的是，由于摄像技术的局限性，没有人能够测出日地距离的准确值。

又过了 100 多年，终于有人完成了精确测量日地距离的壮举。此人就是美国天文学家西蒙·纽康（Simon Newcomb）。

1882 年，纽康做了一件相当大手笔的事情。他组织了整整 8 支科考队，分赴世界各地，来观测当年发生的金星凌日。通过整合 8 支科考队的数据，他测出日地距离应为 1.4959 亿千米。这个 100 多年前测出的数值，与今天的测量结果相差无几。

现在天文学界普遍接受日地距离约为 1.5 亿千米。这个距离，也被称为一个天文单位。

由此，人类完成了天文距离测量的二级跳。

最后说说三级跳：如何基于三角视差法，测量更遥远天体的距离。

什么是视差呢？为了更好地理解这个概念，我们不妨做个小实验。先伸出一根手指，放在靠近鼻子的地方；然后轮流闭上左右眼，每次都只用一只眼睛来看手指。你会发现，手指相对于背景的位置发生了很明显的偏移。这种由于观察者位置改变而导致被观察物体位置发生偏移的现象，就是视差。

现在把手指放在比较远的地方，重复这个实验。你会发现，将手指放远以后，它相对于背景的位置偏移会变小。反过来说，被观察物体的视差越小，它离我们的距离就越远。

顺便多说一句。电影院里放的 3D 电影之所以能呈现出立体感，就是利用了视差的原理。

知道了什么是视差，我们就可以讲讲如何用三角视差法测量遥远天体的距离了。图6就是三角视差法的原理图。

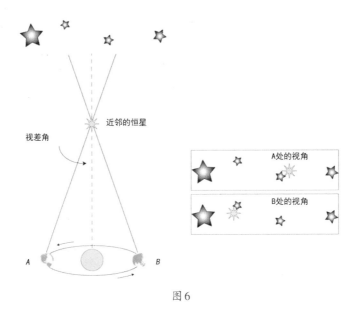

图6

我们知道，地球每年会绕太阳转一圈。如果地球在某个时刻运动到图中的 *A* 点，那么半年之后它就会到达离 *A* 点最远的 *B* 点。现在把 *A* 点和 *B* 点当成是一个人的左眼和右眼，然后分别在这两个地方观察一颗远处的星星。很明显，由于视差的缘故，这颗星星在遥远天幕上的位置会发生改变。利用这个位置的改变，能算出此星星与 *A*、*B* 两点所构成的等腰三角形的顶角，也就是所谓的周年视差角。这样一来，只要知道了日地距离，就能知道 *A*、*B* 两点的间距；而用 *A*、*B* 两点的间距除以该星星的周年视差角，就可以算出我们到这颗星星的距离。

这种以日地距离为尺，并用几何学知识测量遥远天体距离的方法，就是三角视差法。在 20 世纪以前，这是人类所知最强大的测量遥远天

体距离的方法。

　　但要命的是，三角视差法依然是一种能力非常有限的测距方法。

　　举个例子，2006 年，4 位天文学家在《科学》杂志上发表了一篇论文。他们用三角视差法测量了地球与银河系英仙臂中的一团分子云的距离，结果是 6370 光年（1 光年 $=9.46 \times 10^{12}$ 千米，也就是说，要想从地球去那里，就连光也要走 6370 年）。这个发现，创造了当时用三角视差法测到的最远距离的记录。换句话说，这几乎就是三角视差法的测距能力极限。

我们现在已经知道，在 20 世纪以前，为了测量遥远天体的距离，天文学界进行了三级跳，最远可以跳到 6000 多光年。但问题是，我们生活的这个银河系，其直径至少有 10 万光年！

现在终于可以回答本节课开头提出的那个问题了：为什么今天看来错误明显的日心说，却能统治天文学界长达 300 年？答案是，就连人类当时所知的最强大的天文测距方法，也完全不具备测量整个银河系的能力。所以，人类就陷入了"不识庐山真面目，只缘身在此山中"的困境。

正因为如此，一直到 20 世纪初，人类都普遍相信：银河系就是宇宙的全部，而太阳就位于宇宙的中心。

要想突破这个困境，进而打破哥白尼日心说的禁锢，就必须找到一种全新的天文测距方法，其能够测量非常遥远的天体的距离。

是谁找到了全新的天文测距方法？又是谁敲响了哥白尼日心说的丧钟？

欲知详情，请听下回分解。

3 标准烛光

上节课的结尾，我们提出了这样一个问题：是谁敲响了哥白尼日心说的丧钟？

在回答这个问题之前，我想先讲一个故事。

1920年，美国政府在马萨诸塞州的剑桥郡搞了一次人口普查。有个人口普查员负责剑桥郡一个比较贫穷的社区。在那里，他遇到了一对相依为命的母女。

比较特殊的是那个女儿，因为她是一个聋女，费了好大劲才弄清人口普查员的来意。不过，她后来一直都很配合。

最后，她被问到自己目前从事什么职业。她的回答是"科学家"。

那个人口普查员当时就笑出声了。在那个年代的美国，科学家完全是男人的专属领地，几乎没有女性能够拿到博士学位。所以他根本无法想象，一个住在贫穷社区的聋女，竟然还能当科学家。

但这个人口普查员不知道的是，他嘲笑的这个聋女，不但是一位科学家，还是人类历史上最伟大的女科学家，没有之一。

这个聋女叫亨丽爱塔·勒维特（Henrietta Leavitt）。她就是本节课一开头那个问题的答案。

本书的其他章节都会同时介绍好几位科学家。因为科学的进步，往往都是由多位科学家共同推动的。但本章节是个特例。因为在本章节中，只有勒维特一个人的故事。

勒维特的故事得从一场灾难讲起。1892 年，刚刚大学毕业的勒维特，按照美国当时的传统，坐船前往欧洲，开始了自己的毕业旅行。

可惜天有不测风云。在这场旅行中，一场突如其来的大病让她的视力和听力严重受损。虽然她的视力后来得到了好转，但是她的听力却每况愈下，直至最终失聪。在此后近 30 年的时间里，她一直处于体弱多病的状态。

由于这场大病，旅行归来的勒维特无法找到合适的工作。幸好，她拿到了自己本科学院一位教授的推荐信，成了哈佛大学天文系的一名硕

士研究生。而她的研究生导师，是哈佛大学天文台台长爱德华·皮克林（Edward Pickering）。

皮克林当时在做一个大项目。他想搞清楚天上的恒星到底有哪些种类。为此，他专门组建了一支完全由女性构成的研究团队（先后有 80 多位女性加入过这个团队）。她们被后人称为哈佛计算员。

1893 年，勒维特也成了哈佛计算员中的一员。

　　不幸的是，勒维特糟糕的健康状况严重拖累了她的学业。由于体弱多病，她隔三岔五就得请病假，这让她的研究工作变得支离破碎，总是无法完成皮克林布置的任务。在苦苦煎熬了 3 年以后，1896 年，意识到自己已经不可能完成学业的勒维特选择了放弃。她离开了哈佛大学天文台，这一走就是 6 年。

　　这 6 年内发生了什么，我们已经无从得知了。我们只知道，1902 年，勒维特给皮克林写了一封信，说自己的处境很艰难：失聪的缘故，她已经找不到其他工作了。因此，她恳求皮克林，让自己重回哈佛大学天文台。皮克林还算好心人，答应了。

　　但是这回，皮克林多了一个心眼儿。他觉得，体弱多病的勒维特肯定会拖慢自己团队的研究进度。所以，他就没让勒维特参与最重要的恒星分类工作，而派她一个人去研究造父变星。

　　造父变星是一种非常特殊的恒星。它能像心跳似的，发生周期性的膨胀收缩，以及周期性的明暗交替。最典型的造父变星是仙王座 δ，

我国古人管它叫造父一。这就是它中文名字的由来。

在 20 世纪初，人类连最简单的天上恒星的种类都搞不清楚，就更别提异常复杂的造父变星了。所以在那个年代，派一个人单枪匹马地去研究造父变星，无异于学术上的发配边疆。

现在，让我们暂停一下，来回顾勒维特前半生的电影：由于体弱多病、身心俱疲，她被迫放弃硕士学业，一走就是 6 年；然后，又由于双耳失聪、家道中落，她迫于生计，不得不重返伤心地；最后，她受到老板嫌弃，直接被发配边疆。

为什么要在这里暂停？因为这是我们与平凡女子勒维特的最后一面。电影重启之后，她将王者归来。

谁也没有料到，勒维特竟是一个搜寻造父变星的顶尖高手。从

1904 年开始，她就以令人瞠目结舌的速度不断发现新的造父变星。以至于有天文学家专门致信皮克林："勒维特小姐是寻找变星的高手，我们甚至来不及记录她的新发现。"

1908 年，勒维特发表了一篇论文，宣布自己在麦哲伦星云中，找到了 1777 颗造父变星（在此之前，人们找到的造父变星总数只有几十颗）。这个惊人的数字立刻引起了轰动。《华盛顿邮报》还专门对此进行了报道。

但这个惊人的数字及《华盛顿邮报》的报道，并不是我要给你讲勒维特故事的理由。

我之所以要给你讲勒维特的故事，是因为她在这篇论文的结尾，选了 16 颗位于小麦哲伦星云的造父变星，并用一张表格列出了它们的光变周期（造父变星完成一轮明暗交替的时间）和亮度。此外，她还留下了一句评论："值得关注的是，造父变星越亮，其光变周期就越长。"

4 年后，也就是 1912 年，勒维特又发表了一篇论文，对此结论进行了完善（之所以拖了 4 年才发表论文，是因为她在此期间又大病一场）。她选了 25 颗位于小麦哲伦星云的造父变星，把它们画在了一张以亮度为 X 轴、以光变周期为 Y 轴的图上。结果表明，这 25 颗造父变星恰好能排成一条直线。勒维特据此断言："造父变星的亮度与其光变周期成正比。"

为了理解这句看似平淡无奇的话在天文史上的分量，你不妨想象一片被冰封了不知多少岁月的荒原，由于这句蕴含着巨大魔力的咒语，在转瞬之间就绽放出数以亿计的美丽花朵。

这句话后来被称为勒维特定律。它开创了一个全新的学科——现代宇宙学。

你可能会觉得奇怪了："为什么这么简单的一句话，能开创一个全新的学科呢？"答案是，它提供了一种全新的天文距离测量方法，那就是著名的"标准烛光"。

为了科普标准烛光，让我们从一个日常生活中很常见的现象说起。一根蜡烛，放在近处看就亮，放在远处看就暗。那么，蜡烛的亮度和我们与它的距离之间，到底有什么关系呢？答案是，亮度与距离的平方成反比。比如说，我们原本与蜡烛相距 1 米。如果退到 2 米处，亮度就会变成原来的 1/4；如果退到 3 米处，亮度就会变成原来的 1/9。依此类推。

更重要的是，这个数学关系可以反着用。例如，我们站在一座山峰

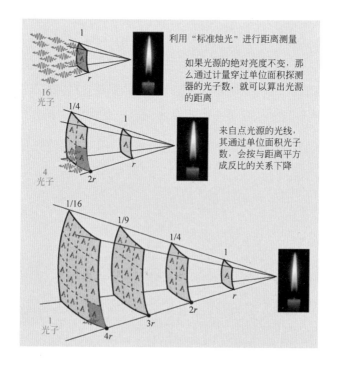

利用"标准烛光"进行距离测量

如果光源的绝对亮度不变，那么通过计量穿过单位面积探测器的光子数，就可以算出光源的距离

来自点光源的光线，其通过单位面积光子数，会按与距离平方成反比的关系下降

上，想测量它和另一座山峰之间的距离。在两座山峰之间有一个大裂谷，根本就无法过去。那么，怎么才能测出两者间的距离？

答案是，可以另找一个人，让他拿着一根蜡烛，爬上对面的山峰。然后，我们再观测他手中蜡烛的亮度。如果亮度降为了原来的 100 万分之一，就说明两山之间相距 1000 米；如果亮度降为了原来的 1 亿分之一，就说明两山之间相距 10000 米。

这意味着，蜡烛可以作为一种测量距离的工具。

这个用蜡烛来测量距离的原理，同样可以用到天上。但是，一个天体要想被当成蜡烛，必须同时满足以下两个条件：（1）它必须特别明亮，即使相距甚远也能看到；（2）它自身的亮度必须始终保持不变。这种能当蜡烛用的特殊天体，就是所谓的标准烛光。

问题在于：能同时满足这两个条件、并被视为标准烛光的天体，实在是太少了。

知道了什么是标准烛光，我们就可以介绍勒维特的科学贡献了。

勒维特定律说的是，造父变星的亮度与其光变周期成正比（由于勒

维特选出的那些造父变星全都位于小麦哲伦星云内，可以认为它们与地球的距离都相等。这样一来，就不用再考虑距离的因素了）。这意味着，只要选择一批光变周期完全相同的造父变星，就可以得到一批自身亮度完全相同的天体。

这意味着，造父变星可以同时满足标准烛光的两大条件。所以，勒维特真正的发现是，造父变星是一种真正意义上的标准烛光，能够用于天文距离测量。它也是人类历史上发现的第一种标准烛光。

标准烛光的发现，为人类提供了一种全新的测量遥远天文距离的方法。它把人类的天文测距能力，从 20 世纪以前的几千光年，直接提升到了几亿光年。

由此，人类突破了银河系的禁锢，把目光投向了整个宇宙。现代宇宙学也随之诞生。

所以，勒维特被后世称为"现代宇宙学之母"。她也是目前为止唯一一个能被称为某个大学科之母的人。

悲哀的是，勒维特的故事并没有一个圆满的结局。

标准烛光的发现，让皮克林意识到了勒维特的厉害。所以，他就给勒维特安排了一份新工作：研究北极星序。简单地说，就是去观测北极星附近的 96 颗恒星，然后对它们进行分类。

以今天的眼光来看，这个安排可谓荒唐透顶：相当于强迫正值当打之年的飞人乔丹放弃自己的篮球生涯，去参加一个业余的棒球联赛。它让全世界对于变星测光的研究，倒退了至少 20 年。

而讽刺的是，尽管以一己之力开创了一门后来养活了数万名科研人员的全新学科，勒维特却完全没得到任何世俗意义上的奖励。没有公开表彰，没有教授职位，甚至没有博士文凭。从始至终，她一直是一个薪水只有男人一半的普通计算员。

1921 年，勒维特又病倒了。这次，她患上了无药可救的癌症。同年 12 月 12 日，勒维特在一个雨夜中离去。她留下遗嘱，把剩下的所有财产都留给了与自己相依为命的母亲。这些遗产包括 3 张债券和一些家具，价值合计为 315 美元，还不够买 8 条地毯。

去世后的勒维特，被葬在了自己家族的墓地。由于贫穷，她甚至无法拥有一个单独的墓碑，被迫和好几个亲戚挤在一起（见图7）。这个墓碑很小，位置只够写她的姓名、生日和忌日。

这就是标准烛光的发现者、哥白尼日心说的掘墓人、"现代宇宙学之母"、人类历史上最伟大的女科学家最后的结局。

100多年过去了，现在勒维特这个名字已经快被世人遗忘在历史的尘埃里了。但我依然想写一篇悼文，来纪念这位非凡女性所经历的种种苦难和荣耀。尽管经历了病痛、失聪、贫穷、孤独、被摆布、被轻视、被遗忘，她依然是照亮整个宇宙的永世不灭的烛火。

勒维特凭一己之力提出了一种全新的天文距离测量方法，即标准烛

图7

光。标准烛光的出现，让人类的天文测距能力，从 20 世纪前的几千光年，一下提升到了几亿光年。正是利用标准烛光人类才发现，银河系并不是宇宙的全部，而是宇宙中的一个小小的孤岛。

那么，人类是如何发现银河系只是宇宙中的小小孤岛的呢？

欲知详情，请听下回分解。

4 银河系的大小

上节课的结尾，我们提出了这样一个问题：人类是如何发现银河系只是宇宙中的小小孤岛的呢？

这个问题的背后，同样有一段颇为曲折的历史。

第一个登场的历史人物，是美国著名天文学家哈罗·沙普利（Harlow Shapley）。

沙普利家境贫寒，刚读完小学就被迫辍学。为了谋生，他打过很多零工，包括给一家乡村小报当记者。后来，他重返校园以完成中学学业，并被密苏里大学

录取。

由于当过记者，沙普利决定要攻读新闻学的学士学位。但是入学那天他惊愕地发现，密苏里大学新闻学院当年根本不招生。对其他专业一无所知的沙普利，决定按照英文字母的顺序来选择专业。他放弃了第一个专业 archaeology（考古学），因为他读不准这个单词的音。所以，他就选择了第二个专业 astronomy（天文学）。

本科毕业后，沙普利考上了普林斯顿大学的博士研究生，师从普林斯顿大学天文系第一位系主任、美国著名天文学家亨利·罗素（Henry Russell）。读博期间，他知道了勒维特提出的标准烛光的概念，并为此深深着迷。

1914 年，博士毕业的沙普利被聘为威尔逊山天文台研究员。在那里，他以喜欢蚂蚁而出名，因为他把业余时间都用来观察在混凝土墙上爬行的蚂蚁了（沙普利发现，蚂蚁的爬行速度与外界温度关系密切，所以可以利用蚂蚁来作温度计）。

正所谓时势造英雄。这个喜欢蚂蚁的农家少年，正好赶上了天时、地利、人和。

天时是指，勒维特在两年前发现造父变星是一种标准烛光，可以用来测量遥远的天文距离。

地利是指，沙普利所在的威尔逊山天文台，有一台 1.5 米口径的光学望远镜。当时，这是全世界最大、最先进的望远镜。

人和是指，沙普利得到了威尔逊山天文台台长乔治·海耳（George Hale）的大力支持。

有了天时、地利、人和，沙普利踌躇满志。他决定利用这台 1.5 米口径的望远镜，来探测银河系的结构。

银河系有好几千亿颗恒星，一颗一颗地数显然是不现实的。所以，沙普利决定要探测银河系的"骨架"，即球状星团。

球状星团是由几万颗到几百万颗恒星构成的一种非常密集的球状恒星集团（见图 8）。目前，人类已经在银河系中发现了 100 多个球状星团。

图 8

　　沙普利相信，球状星团是银河系的"骨架"，能反应银河系的大小和形状。因此，只要想办法测出这100多个球状星团到地球的距离，便能绘制出整个银河系。

　　沙普利的测距工作，可以大致分为三个阶段。

　　第一阶段，在离地球最近的球状星团中，寻找造父变星。只要能找到造父变星，就可以利用它们来确定最近的球状星团的距离。

　　第二阶段，在找不到造父变星的较远的球状星团中，寻找另一类变星，即"星团变星"。然后把星团变星也视为标准烛光（一种天体要是能被视为标准烛光，就可以利用其亮度与距离的平方成反比的关系，来进行天文测距），并用同时拥有造父变星和星团变星的球状星团进行定标。这样就可以用星团变星作量天尺，来确定较远的球状星团的距离。

　　第三阶段，对于那些什么变星都找不到的球状星团，直接把整个球状星团都视为标准烛光；然后再用相距较近且距离已知的球状星团，来估算那些遥远球状星团的距离。

　　需要特别强调的是，沙普利第二阶段和第三阶段的距离测量其实并不准确。原因在于，无论是星团变星还是球状星团，都不是真正的标准烛光；换句话说，用星团变星或球状星团来测距，其实并不准确。不过，这些偏差，并不影响沙普利对银河系形状的最终绘制结果。

　　经过数年的努力，沙普利终于完成了对这100多个球状星团距离的测量，进而绘制出了整个银河系的骨架。他发现，太阳根本就不是银河系的中心；银河系真正的中心在人马座方向，离我们至少上万光年。

正是这个发现，宣判了哥白尼日心说的"死刑"。沙普利也由此名动天下。

但是功成名就的沙普利，并没有逃脱屠龙少年终成恶龙的宿命。没过多久，他就成了一场世纪大辩论的反派人物。

为了更好地介绍这场世纪大辩论，我得先给你补充一些背景知识。

之前已经说过，在 20 世纪前，人类普遍相信银河系就是宇宙的全部。

不过，也有人反对这幅宇宙图像。他们相信，宇宙是一片浩瀚的大海，而银河系只是漂浮在这片大海上的一座小小的岛屿。在银河系之外，还有许许多多和它一样大小的岛屿。这就是所谓的"宇宙岛"理论。

"宇宙岛"理论的代表人物之一，是德国大哲学家伊曼纽尔·康德（Immanuel Kant）。

当时天文学家已经在银河系边缘发现了一些螺旋星云，不过一直无

法确定它们与地球相距多远。康德就提出了一个大胆的猜想：这些螺旋星云全是和银河系一样大小的岛屿。

但后来，人们发现这样的螺旋星云有不下 10 万个。对那个年代的天文学家来说，想象在银河系外还有 10 万个与银河系一样大小的星系，完全是不可理喻。

所以，"宇宙岛"理论就进了天文学界的冷宫，这一关就是 100 多年。

直到 1914 年，"宇宙岛"理论才得以东山再起。那一年，美国天文学家维斯托·斯里弗（Vesto Slipher）想到了一个好办法，能精确测出螺旋星云的运动速度（斯里弗的办法是本书第 6 节课的核心内容，到时会详细介绍）。他测量了 15 个螺旋星云，发现速度最快的两个星云，正以 1100 千米 / 秒的超高速飞离地球。很难想象，银河系内部的天体能达到如此恐怖的速度。

过了 3 年，又出现了支持"宇宙岛"理论的新证据。美国天文学家赫伯·柯蒂斯（Heber Curtis）在螺旋星云中找到了不少新星（新星就是突然出现在天空的明亮星星，我国古代称为客星）。他把新星视为标准烛光，利用标准烛光亮度与距离的平方成反比的关系，对这些螺旋星云的距离进行了测量。柯蒂斯的测量结果显示：这些螺旋星云与地球相距甚远，远超当时公认的银河系直径，即 3 万光年。

但这些发现并没有让"宇宙岛"理论成为天文学界的主流。其中最大的障碍，就是在本节课中最早出场的沙普利。他在绘制银河系的时候算出，银河系的直径能达到惊人的 30 万光年。所以他认为，这么大的空间区域，足以装下整个宇宙。

讲完了背景知识，接下来我们就可以聊聊天文学的世纪大辩论了。

1920 年年初，为了提升自身的影响力，美国科学院决定要找两个大牌科学家，做一场面向普通民众的公开辩论。美国科学院秘书提议，

可以搞一场关于冰川的辩论。

这个提议遭到了一个实权派人物的极力反对，此人就是威尔逊山天文台台长乔治·海耳（George Hale）。

海耳认为，要想产生较大的社会影响力，就应该选择那些最前沿的

科学辩题。所以，他推荐了两个新的辩题。

第一个辩题是爱因斯坦的相对论。此辩题让美国科学院秘书气得吐血。他宣称："应该把相对论扔到四维时空以外的某个地方，这样它就不会再来困扰我们了。"

所以最后就采用了海耳推荐的第二个辩题，即宇宙的尺度。

有了辩题，接下来就该选择辩手了。根据海耳的建议，最后确定了两个最合适的人选，也就是之前介绍过的沙普利和柯蒂斯。

大辩论的正方是沙普利。他持传统观点，认为银河系就是宇宙的全部；而反方是柯蒂斯。他相信"宇宙岛"理论，认为银河系外还有很多其他的星系。而双方争论的焦点是，银河系到底有多大。

1920年4月26日，这场举世瞩目的世纪大辩论，在纽约市史密斯森自然历史博物馆拉开了帷幕。

辩论开始后，沙普利首先出场。但他还没开口说话，就已经落了下

风。这是因为，此时的他已经开始患得患失了。

不久前，哈佛大学天文台台长皮克林因病去世；很快，哈佛大学就开始甄选下一任台长。沙普利已经从秘密渠道得知，自己就是这个职位的热门人选。所以，他很害怕自己输掉这场辩论，给坐在台下的哈佛大学代表留下坏印象。

因此，沙普利彻底改变了原来的辩论策略。在描述如何测量银河系大小的时候，他直接跳过了自己实际采用的造父变星和球状星团，而介绍了自己根本没用的蓝巨星（蓝巨星是一种非常明亮、非常炽热的恒星）。沙普利宣称，蓝巨星也是一种标准烛光，可以用其来测量银河系的大小；而蓝巨星的测量结果表明，银河系的直径能达到惊人的 30 万光年，这足以容纳整个宇宙。

其实，蓝巨星仅仅是沙普利为这场辩论准备的脚注材料。

沙普利这么做的理由很简单。他用造父变星和球状星团进行天文测距的工作，在学术界早已尽人皆知。如果在辩论时介绍这两种测距工具，肯定会遭到柯蒂斯有针对性的攻击。所以，他干脆介绍柯蒂斯不知道的蓝巨星，这样还能打对手一个措手不及。

很明显，这是典型的未战先怯。

沙普利的诡辩策略并没有打乱柯蒂斯的阵脚。他很快就向沙普利发起了强大的攻势。

首先，柯蒂斯质疑了沙普利采用的测距工具的可靠性；无论是造父变星、球状星团，还是蓝巨星，都没逃过他的批驳。其次，他提出了一种他认为更可靠的测距工具，即黄矮星（太阳就属于黄矮星）。接着，

把黄矮星视为标准烛光，柯蒂斯估算了银河系的直径，结果只有 3 万光年。最后，柯蒂斯描述了"宇宙岛"的物理图像，并解释了螺旋星云为何只出现在银河系的上下两端。

毫无疑问，柯蒂斯成了这场大辩论的赢家。在给家人的信中，他颇为得意地写道："华盛顿的论战很顺利，我确信我更胜一筹。"没过多久，他就被聘为阿利刚天文台台长。

沙普利的日子就没这么好过了。辩论会上的糟糕表现，让他差点丢掉了哈佛大学天文台台长的位子。因为哈佛大学实在找不到其他的合适人选，沙普利最后还是如愿以偿地成了皮克林的继任者。

这场世纪大辩论，让"银河系到底有多大"的学术论战，进入了公众的视野。不过搞笑的是，辩论双方其实都是错的。

沙普利基于球状星团测出，银河系直径是 30 万光年；柯蒂斯基于

黄矮星，测出银河系直径是 3 万光年。而目前的天文观测结果表明，银河系直径的实际值应为 10 万光年。

为什么这两个顶级天文学家都搞错了呢？答案是，他们的距离测量工具有问题。无论是球状星团还是黄矮星，都不是能用来测距的标准烛光。真正靠谱的测距工具，还是勒维特提出的那个造父变星。

这场世纪大辩论并没有改变天文学界的分裂格局。对于螺旋星云是否属于银河系，依然是公说公有理，婆说婆有理。

直到 3 年后，一个年轻人的横空出世，才为这场世纪大辩论画上了句号。此人就是美国大天文学家埃德温·哈勃（Edwlin Hubble）。

与幼年辍学、历尽磨难的沙普利不同，学生时代的哈勃，可谓一路顺风顺水。

读高中的时候，身高 1.9 米的哈勃是一个不折不扣的明星运动员，

曾在一次市级的中学生运动会上，一口气拿到了7个冠军。靠着运动特长，他被保送到了芝加哥大学；而在毕业前夕，他又拿到了罗德奖学金，得以前往英国牛津大学攻读法学硕士学位。

学成归国的哈勃，并没有从事法律工作，因为他没能通过美国的司法考试。无奈之下，他只好跑到家乡的一所高中任教，主讲数学，同时兼任校篮球队教练。所以，谁说体育老师不能教数学。

后来，在一位本科教授的帮助下，哈勃得以重返芝加哥大学，攻读天文学博士学位。第一次世界大战后，博士毕业且服完兵役的哈勃，被聘为威尔逊山天文台研究员。在那里，他遇到了自己一生的宿敌，那就是我们的老朋友沙普利。

一山不容二虎。沙普利从一开始就看不惯这个总是一身英伦范（穿短裤、顶斗篷、叼烟斗）、却没有做出什么成绩的年轻人。由于那时的沙普利在美国天文学界如日中天，哈勃最初在威尔逊山天文台工作的日子并不好过。

但没过多久，哈勃的职业生涯就迎来了转机。他任职的威尔逊山天文台新建了一个 2.5 米口径的"胡克望远镜";而在此后 30 多年的时间里,这个"胡克望远镜"一直是全世界最大、最先进的光学望远镜。与此同时,沙普利离开了威尔逊山天文台,接任哈佛大学天文台台长。这样一来,哈勃就得到了大量的、本属于沙普利的"胡克望远镜"观测时间。

坐拥全世界最大望远镜之上的广袤天际,运动员出身的哈勃即将一飞冲天。

1923 年,哈勃利用"胡克望远镜",在仙女星云中发现了两颗造父变星(毫无疑问,造父变星是最靠谱的标准烛光)。利用这两颗造父变星,哈勃测出仙女星云与我们相距至少 100 万光年。这个惊人的数字已经远远超越了银河系的尺寸,说明仙女星云必然位于银河系之外。

哈勃把这个发现写成了一封信,用急件寄给了沙普利。根据沙普利的高徒、哈佛大学历史上首位女系主任塞西莉亚·佩恩(Cecilia Payne)的回忆,沙普利收到哈勃的信后如雷轰顶,哀叹道:"这封信摧毁了我的世界。"

当然,沙普利并不甘心坐以待毙。数日后,他给哈勃写了封回信,质疑哈勃在仙女星云中找到的那两颗造父变星都是"伪星",根本不能用于天文学测距。

但沙普利最后的挣扎,已经无法阻挡历史的车轮滚滚向前。

1924 年,哈勃继续观测星空,并取得了新的进展。他成功地在仙女星云、巴纳德星云以及 M33 星云中找到了更多的造父变星。无一例外地,它们全都揭示出银河系并非宇宙的全部。

哈勃的发现,让这场从 1920 年开始的世纪大辩论彻底落下了帷幕。

天文学界达成了共识：人类长期相信是整个宇宙的银河系，其实仅仅是"星云王国中的一个小小的村落"。

我们已经介绍了人类探索银河系大小的曲折历史。现在我们知道，形如圆盘、直径 10 万光年的银河系，仅仅是浩瀚宇宙中的一个小小的孤岛。

那么，整个宇宙到底有多大呢？

欲知详情，请听下回分解。

可观测宇宙的大小 5

上节课的结尾，我们提出了这样一个问题：整个宇宙到底有多大？为了给你一个更直观的感受，我将用比喻的方式来回答这个问题。

如果把太阳系想象成一栋别墅，那么地球就是这栋别墅里的一颗玻璃珠。

4000 亿栋"别墅"合在一起，构成了一个"中心城区"。这个"中心城区"叫银河系。

银河系和另外一个"中心城区"（即仙女座星系），再加上周边的 50 个小型星系，就构成了一座"城市"。这座"城市"叫本星系群。

本星系群只是一座"小城"。在离它 5000 万光年远的地方还有一座拥有 2000 个星系的"大城市"，叫室女座星系团。以这个室女座星系团为"省会"，再加上方圆 1 亿光年内的 100 多个"城市"，就构成了一个"省"。这个"省"叫室女座超星系团。

室女座超星系团只是 4 个"省"之一。这 4 个"省"像群山一样，环绕着一个位于中心谷地处的"首都"（即巨引源，与地球相距 2.2 亿光年，其质量能达到银河系的 10000 倍）。这样一来，就在直径 5 亿光年的空间范围内，构成了一个地形如同巨大山谷的"国家"。这个"国家"叫拉尼亚凯亚超星系团。

拉尼亚凯亚超星系团并不是一个"大国"。它连同周边的 4 个"国家"，构成了一个"国家联盟"，叫双鱼 - 鲸鱼座超星系团复合体。此"国家联盟"的盟主是双鱼 - 鲸鱼超星系团，其疆域至少能达到 10 亿光年。

横跨 10 亿光年的双鱼 - 鲸鱼座超星系团复合体，依然不是宇宙中最大的结构。在它之上还有所谓的星系长城，相当于"大洲"。比较有名的"大洲"包括横跨 14 亿光年的史隆长城，横跨 40 亿光年的巨型超大类星体群，以及横跨 100 亿光年的武仙－北冕座长城。而这个与地球相距 100 亿光年的武仙－北冕座长城，就是人类目前所发现的最大结构。

而诸多"大洲"又构成了一个直径 930 亿光年的"星球"。这个"星球"就是我们的可观测宇宙（所谓的可观测宇宙，是指以地球为中心、用望远镜能够看到的最大宇宙范围。它只是整个宇宙的一小部分）。

我们已经对宇宙的大小做了一个简要的介绍。你可以把我们能够看到的宇宙，想象成一个直径 930 亿光年、拥有至少几千亿个星系的巨大"星球"。那接下来，就让我们坐上宇宙飞船，按由近及远、由小到大的顺序，来好好看看这个浩瀚的宇宙。

首先参观我们住的这个"别墅"，即太阳系。

太阳系的绝对主宰是太阳。其质量能达到 200 万亿亿亿千克，是地球的 33 万倍，占太阳系总质量的 99.86%。正因为如此，太阳系内的所有其他天体都必须臣服于它，并且周而复始地围绕它旋转。

太阳系总共有 8 环：从内到外，依次是水星、金星、地球、火星、木星、土星、天王星和海王星。值得一提的是，里面的 4 个都是岩质行星，也就是以硅酸盐岩石为主要成分的行星；在岩质行星的中心，一般都有一个以铁为主的金属内核。而外面的 4 个都是气态行星，也就是最外层区域由气体构成的行星；其中木星和土星的外层主要成分是氢气和氦气，而天王星和海王星的外层则包含大量比氢和氦更重的化学元素；所有气态行星的中心，同样有由岩石和金属所构成的坚固内核。

此外，太阳系内还有两个小行星聚集的区域，一个是位于 4 环和 5 环间的小行星带，另一个是位于 8 环以外的柯伊伯带。曾是太阳系第 9 大行星的冥王星，就位于这个柯伊伯带。在柯伊伯带之外，还有一个包裹着太阳系、直径约为 2 光年的神秘球状云团，叫作奥尔特云，它是很多长周期彗星的故乡。而这个奥尔特云，就是太阳系"别墅"的外墙。

其次参观我们住的这个"城区"，即银河系。

在银河系的正中心，盘踞着一个质量能达到太阳质量 400 多万倍的巨大黑洞，叫人马座 A*。在它的周围有一个恒星相当密集的棒状区域，其长度约为 1 万光年（因为中心区域是棒状的，银河系被称为棒旋星系）；这个棒状区域是一个巨大的恒星"育婴室"，其中包含着大量的新生恒星。中心黑洞和棒状区域，统称为银心。

在银心之外，是一个直径接近 10 万光年的盘状结构，称为银盘。正如图 9 所示，在银盘上有几个恒星比较密集的区域：其核心特征是从银心附近出发，螺旋式地向外延展。这些银盘上的恒星密集区域就是所谓的旋臂。银河系的主要旋臂有 4 条：其中青色的是三千秒差距 - 英仙旋臂，紫色的是矩尺 - 天鹅旋臂，绿色的是盾牌 - 半人马旋臂，红色

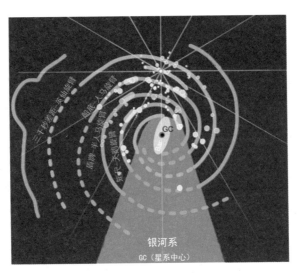

图 9

银河系的旋臂，就像风车一样不断绕银河系中心旋转。需要强调的是，旋臂里的恒星构成并非固定不变。为了便于理解，你可以把旋臂想象成银河系"城区"的交通拥堵区域。因为不断有恒星进入这些区域，同时又不断有恒星离开，所以总体来看，这些交通拥堵区域会一直存在。恒星拥堵区域，这就是旋臂的本来面目。

的是船底－人马旋臂（图9中的虚线代表这些旋臂在理论上存在、但实际上尚未观测到的部分）。除了这4条主要旋臂以外，还有一些次要旋臂，例如，图9中橙色的猎户旋臂。我们住的太阳系"别墅"，就位于这个猎户旋臂中。换句话说，我们其实住在银河系"城区"中一个比较荒凉的地段。

而在银盘之外还有一个球状区域，称为银晕。不同于银心和银盘，银晕内部只是稀稀落落地分布着一些非常古老的恒星和球状星团。你可以把银晕当成是银河系的恒星"养老院"。

由银心、银盘和银晕这3大部分构成的、直径约为10万光年的空间区域，就是我们住的银河系"城区"（也有一些天文学家主张，在银晕之外还有银冕，这样银河系的直径能达到将近20万光年）。

然后参观我们住的"城市"，即本星系群。

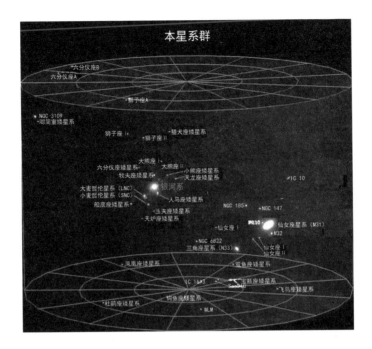

在本星系群中有两个中心城区，也就是银河系和仙女座星系。而这两大中心城区还各有一群小弟，也就是所谓的矮星系^①。

我们居住的银河系，大概拥有 4000 亿颗恒星；而在它的周围，大概有 30 多个矮星系。其中离地球最近的是大犬座矮星系和人马座矮椭球星系，而名气最大的则是大小麦哲伦星云。大部分矮星系就像卫星一样绕银河系公转，因而也被称为卫星星系。其他矮星系则只是从银河系周围飞掠而过。

另一个中心城区，是与地球相距 254 万光年的一个旋涡星系，即仙女座星系。仙女座星系是本星系群中无可争议的老大，其直径能达到

---

① 矮星系是宇宙中质量最小、亮度最弱的一类星系。不过矮星系的数量远远超过大星系。

22 万光年，而质量能达到太阳质量的 1.5 万亿倍。类似于银河系，在仙女座星系中心，同样盘踞着一个超大质量的黑洞，其质量能达到太阳质量的 1 亿倍，是银河系中心黑洞质量的 20 多倍。

仙女座星系之所以能成为本星系群的霸主，是因为它已经吞并了大量的矮星系。比较有名的例子，是位于仙女座星系内部的一个非常巨大的球状星团，编号 G1。一般的球状星团包含的恒星数量，都在几百个到几万个之间；而 G1 包含的恒星数量，能达到好几百万个。所以天文学家普遍相信：G1 是一个矮星系被仙女座星系吞并后，所剩下的致密核心。

最惊悚的是，天文观测表明，仙女座星系正在以每秒 110 千米的速度，向银河系飞驰而来。大概再过 40 亿年，两者就会发生碰撞，最终并合成一个巨大的椭圆星系（按照形状，星系可以大致分为 3 类，分别是旋涡星系、椭圆星系和不规则星系）。

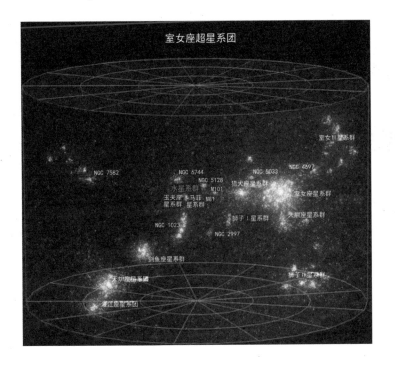

接着参观我们住的"省",即室女座超星系团。

我们住的这个本星系群,只能算一座"小城"。在离它6000万光年远的地方,有一座拥有2000多个星系的"大城市",叫室女座星系团。

室女座星系团由3个主城区构成,分别是M87、M86和M49(M表示梅西叶星表,而M87、M86和M49分别代表梅西叶星表中的第87、第86和第49号天体)。而这3个主城区,都是超巨椭圆星系。

其中最有分量也最靠近"市中心"的"主城区",是M87星系。这是一个非常古老的星系,拥有大概15 000个球状星团,堪称恒星的"养老院"。M87星系最显著的特征,是有一条绵延数千光年的星际喷流。此外,在它的中心,有一个质量能达到太阳质量65亿倍的巨型黑洞,叫M87*。2019年,事件视界望远镜项目组拍到了M87*的照片。这也

是人类历史上拍到的首张黑洞照片。

由 M87、M86 和 M49 这 3 大主城区构成的室女座星系团，是我们居住的这个"省"的"省会"。这个省还有大概 100 个"城市"，其中绝大多数都是和本星系群一样的小城，也就是由几十个星系所构成的星系群。只有在这个"省"的边境位置，才有两个中等规模的"城市"，即天炉座星系团和波江座星系团。这 100 多个"城市"散布在"省会城市"（即室女座星系团）周边直径 1.2 亿光年的范围内，从而构成了我们住

的这个"省"，即室女座超星系团，也叫室女座超星系团。

接下来参观我们住的"国家"，即拉尼亚凯亚超星系团。

拉尼亚凯亚超星系团是一个横跨 5 亿光年、质量能达到银河系质量 10 万倍的庞大帝国。它的地形有点像是一个巨大的山谷，位于中心谷地位置的就是这个"帝国"的"首都"：巨引源（巨引源代表"巨大的引力源头"）。

巨引源是一个真正意义上的庞然大物，其质量至少比银河系质量大 10000 倍。由于它拥有巨大的引力，包括银河系在内的成千上万的星系，都在以每秒几百千米的速度朝它靠近。而这个庞然大物的本来面目到底是什么，目前还处于迷雾中。

在巨引源这个首都的周围还有 4 个省。处于中心位置的省是长蛇 - 半人马座超星系团。这个省是在长蛇座到半人马座方向上的一系列星系团的集合。其中最核心的成员是矩尺座超星系团。这个矩尺座超星系团

位于矩尺座方向、与地球相距大概 2.2 亿光年的地方。一般认为，这就是巨引源所在的地方。不过，矩尺座超星系团的质量只比银河系质量大 1000 倍，仅仅是巨引源质量的 1/10。所以，矩尺座超星系团仅仅是占据了巨引源所在的位置，而并非巨引源本身。

除了位于"首都"位置的矩尺座超星系团以外，长蛇－半人马座超星系团这个"省"还拥有长蛇座星系团、半人马座星系团、IC4939 星系团这 3 个"大都市"，以及上百个零零星星的"小城"。这些大大小小的"城市"环绕在巨引源的周围，就构成了拉尼亚凯亚帝国的"首都"圈都市群。

而在"首都"圈的外围，还有 3 个"省"，分别是位于西南方的室女座超星系团、位于西北方的孔雀－印第安超星系团，以及位于南面的南方超星系团。

为了便于理解，你可以把引力想象成蜘蛛丝。在引力的牵引下，长蛇－半人马座超星系团、室女座超星系团、孔雀－印第安超星系团和南方超星系团这 4 个"省"，就连成了一张直径 5 亿光年的巨大蜘蛛网，从而覆盖了拉尼亚凯亚帝国的整个山谷。位于蜘蛛网上的成千上万的星系，都在引力蛛丝的牵引下向着位于中心谷地位置的巨引源运动。这就是我们住的"国家"，即拉尼亚凯亚超星系团的全貌。

我们已经介绍了我们住的"国家"，即拉尼亚凯亚超星系团。它拥有横跨 5 亿光年的辽阔疆域和超过 10 万个像银河系这样的星系。但放眼宇宙，拉尼亚凯亚超星系团依然只能算是"弟弟"。在它之上还有由多个"国家"组成的"国家联盟"，也就是由多个超星系团构成的超星系团复合体。

拉尼亚凯亚超星系团与 4 个"国家"一起，组成了一个"国家联盟"，叫双鱼－鲸鱼座超星系团复合体。它的疆域能超过 10 亿光年，并且总质量至少比太阳质量大 100 亿亿倍。这个"国家联盟"的盟主是双鱼－鲸鱼超星系团，具体成员还包括英仙－双鱼座超星系团、飞马－双鱼座超星系团、玉夫－武仙座超星系团和拉尼亚凯亚超星系团。

这个横跨 10 亿光年的双鱼－鲸鱼座超星系团复合体，依然不是宇宙中最大的结构。在它之上还有所谓的星系长城，相当于"大洲"。比较有名的"大洲"包括横跨 14 亿光年的史隆长城，横跨 40 亿光年的巨型超大类星体群，以及横跨 100 亿光年的武仙－北冕座长城（武仙－北冕座长城与地球的距离，大概是 100 亿光年）。这个武仙－北冕座长城，就是人类目前发现的最大结构。

而诸多的宇宙空洞和星系长城，又构成了一个直径 930 亿光年的"星球"。这个"星球"就是我们的可观测宇宙。所谓的可观测宇宙，指以地球为中心、用望远镜能够看到的最大宇宙范围。它只是整个宇宙的一小部分。在可观测宇宙之外，还有更辽阔的其他宇宙空间。但其他宇宙空间发生的事情，我们在地球上永远也不可能看到。

我们已经完成了这场飞向宇宙尽头的旅行。现在你应该已经知道，我们能够看到的可观测宇宙，是一个直径 930 亿光年、拥有至少几千亿个星系的巨大"星球"。在可观测宇宙之外，还有更为辽阔的宇宙空间，但我们永远都不可能看到那里到底有什么东西。

为什么我们永远都不可能看到可观测宇宙之外的宇宙空间呢？

欲知详情，请听下回分解。

宇宙膨胀 6

上节课的结尾，我们提出了这样一个问题：为什么我们永远都不可能看到可观测宇宙之外的宇宙空间呢？

答案是，因为宇宙在膨胀。

想象一个巨大的气球，上面有一只小蚂蚁，正以

光速在气球表面爬行。如果气球静止不动，那么蚂蚁就能到达气球表面的任意位置；换句话说，蚂蚁能看到气球表面的全貌。但如果气球本身也在以光速膨胀，那么蚂蚁就无法到达气球表面的任意位置了；这意味着，蚂蚁只能看到以其出发点为中心的一小块区域。而蚂蚁能看到的这一小块区域，就是它的"可观测气球表面"。

同样的道理，如果宇宙本身也在膨胀，我们就只能看到以地球为中心的一小块宇宙区域，即可观测宇宙。

那么问题来了：人类到底是如何发现宇宙在膨胀的？

你可能会说："这还用问吗？宇宙膨胀是美国大天文学家哈勃在20世纪30年代初发现的。"

真实的历史，并没有这么简单。

推倒第一张多米诺骨牌的人，其实并不是哈勃。此人在我们之前的旅行中曾经露过一面。他就是美国天文学家维斯托·斯里弗。

1914年，斯里弗提出了一种测量星系径向速度（即星系与地球连

线方向上的速度）的新方法。这种方法的基石是多普勒效应。

什么是多普勒效应？让我们从一个在日常生活中很常见的场景说起。如果你经常坐地铁，可能会注意到这样的现象：当列车进站的时候，它发出的汽笛声会比较尖锐；而当列车出站的时候，它发出的汽笛声会比较低沉。

这就是多普勒效应。这个效应说的是：如果一个物体在靠近我们时，它发出的声波波长会变短，频率会变大，所以听起来尖锐；如果一个物体在远离我们时，它发出的声波波长会变长，频率会变小，所以听起来低沉。

多普勒效应的强大之处在于，它不仅适用于声波，还适用于宇宙中所有的波。我们知道，光也是一种波（即电磁波）。那么，多普勒效应会如何影响遥远天体所发出的光呢？

为了回答这个问题，我得先给你补充两个知识点。第一个要补充的知识点，是恒星光谱。

1666 年，在乡下躲避瘟疫的艾萨克·牛顿（Isaac Newton）爵士做

了一个著名的光学实验，即牛顿色散实验。他在一间小黑屋的墙上开了一个小圆孔，然后在小圆孔的旁边放了一个三棱镜[①]。

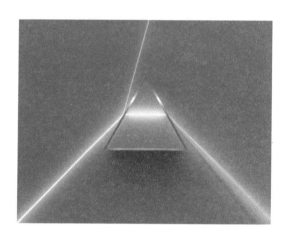

牛顿发现：穿过小圆孔的白色太阳光，在经过三棱镜的折射后，变成了一个由红、橙、黄、绿、蓝、靛、紫等不同颜色构成的光斑。由此，牛顿证明了太阳光并非只有一种单一的颜色，而是由各种颜色的光合成的。

后来，天文学家给望远镜配上了三棱镜。遥远天体发出的光，先透过望远镜的镜面，再经过一条狭缝，然后被三棱镜折射，最后会变成一条让各种单色光按频率大小依次排列的光带。这条让各种单色光按频率大小依次排列的光带，就是所谓的光谱。

第二个要补充的知识点，是夫琅禾费线。

---

① 三棱镜是一种用玻璃制成、横截面为三角形的光学仪器。当光照到三棱镜的一个侧面之后，会先后发生两次折射，然后从另一个侧面射出。三棱镜对不同颜色的光会有不同的偏折程度：它对红光的偏折程度最小，而对紫光的偏折程度最大。

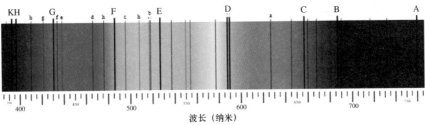

1814 年，德国物理学家约瑟夫·夫琅禾费（Joseph Fraunhofer）用
自己发明的新仪器，研究了太阳光谱。他惊讶地发现，在太阳光谱中有
超过 570 多条的暗线。换句话说，有一些特定频率的光从太阳光谱中消
失了。这些暗线，就是所谓的夫琅禾费线。

后来科学家发现，之所以会出现夫琅禾费线，是因为太阳表面的化
学元素把这些特定频率的光给吸收了（任何一种化学元素，都只能吸收
特定频率的光）。因此，只要把天体光谱中的夫琅禾费线与各种化学元
素的吸收线（即各种化学元素所吸收的特定频率的光）进行对比，就可
以确定天体表面到底有哪些化学元素。

知道了光谱和夫琅禾费线的概念，我们就能介绍多普勒效应是如何
影响遥远天体发出的光了。

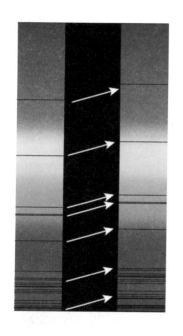

如果一个天体正在靠近地球，那么在其光谱中，夫琅禾费线就会整体地向蓝光端（即频率变大的方向）移动，这就是所谓的蓝移；而如果一个天体正在远离地球，那么在其光谱中，夫琅禾费线就会整体地向红光端（即频率变小的方向）移动，这就是所谓的红移。

基于遥远天体光谱中的蓝移或红移，就能判断这些天体是在靠近还是在远离地球；而通过测量它们光谱的蓝移或红移的大小，就可以算出这些天体靠近或远离地球的径向速度。

1914 年，斯里弗研究了 15 个随机选取的螺旋星云的光谱。他惊讶地发现，所有星云的光谱都在红移。换言之，这 15 个随机选取的螺旋星云，全都在飞离地球。

这是人类第一次看到宇宙膨胀的迹象。从这个意义上讲，斯里弗才是发现宇宙膨胀的第一人。但由于斯里弗所在的罗威尔天文台没有大口径的望远镜，他很快就陷入了止步不前的困境。

正所谓"工欲善其事，必先利其器"。要想取得最具革命性的天文学突破，还是要靠最大的天文望远镜。当时全世界最大的天文望远镜在哪里呢？答案是我们已经很熟悉的美国威尔逊山天文台。

这次活跃在威尔逊山天文台这个舞台上的，是我们的一个老熟人。他就是美国大天文学家哈勃。此前，哈勃已经利用标准烛光，发现银河系只是一个小小的宇宙孤岛，这让他成为天文学界的超级巨星。

1928 年，哈勃在欧洲开会期间，听到了用多普勒效应测量遥远星系速度的学术报告。他随即想到这样的问题：遥远星系的径向速度与它们到地球的距离之间，到底有什么关系？

回到威尔逊山天文台后，哈勃开始研究这个问题。测量星系距离一直是哈勃的拿手好戏；但是测量星系的径向速度，哈勃就不是很熟悉了。所以，他决定找一个助手，来帮忙分析星系的光谱变化。他找的这个助手，叫米尔顿·赫马森（Milton Humason）。

赫马森的早年经历异常坎坷。由于家境贫寒，他 14 岁就辍学了。

为了谋生，赫马森打过各种各样的零工。1908—1910年，他的雇主是威尔逊山天文台。他的工作是赶着驴队，把建筑材料和生活物资送上威尔逊山，以支持天文台的建设。在此期间，他认识了一个天文台工程师的女儿，并和她结了婚。

1917年，在岳父的推荐下，赫马森成了威尔逊山天文台的一名看门人。此后每天晚上，他都会去找天文台的工作人员学习天文摄影技术；没过多久，他就成了天文台最好的观测助手。3年之后，只有一纸小学毕业证书的赫马森被任命为威尔逊山天文台的正式职员；而到了1922年，他又被破格提拔为助理天文学家。

但高等教育的缺乏，还是给赫马森的学术生涯蒙上了一层阴霾。由于基础不佳和命运不济，他曾两次与重大发现失之交臂。

第一次发生在1919年。当时，受一位天文学家的启发，赫马森开始在一个特定的天区搜索太阳系的第9颗行星，并且拍摄了一大堆的照片。他对第9颗行星的搜索，最后以失败而告终。到了1930年，也就是冥王星被发现的那一年，赫马森的两个朋友重新检查了他之前拍摄的照片。结果发现，赫马森早在11年前就已经拍到了冥王星；但悲剧的是，他自己没认出来，所以就丢掉了"冥王星之父"的殊荣。

第二次发生在1920年。那年夏天，赫马森在仙女星云中发现了几个很异常的天体：其亮度会出现周期性的变化。这让他不禁怀疑，自己找到了仙女星云中的造父变星。这个发现，比哈勃在仙女星云中找到造父变星、进而确定仙女星云不在银河系内的历史性突破，要早上好几年。兴奋不已的赫马森，立刻标记了这些异常星在仙女星云中的位置，并把结果拿给了沙普利看。但不幸的是，坚信银河系是宇宙全部的沙普利对赫马森的发现根本不屑一顾。他先是盛气凌人地向赫马森解释为什么这些异常星不是造父变星，随后拿出手绢把所有数据抹掉。在学术界大权威面前，赫马森没敢坚持自己原来的想法。这样一来，他就与 20 世纪最大的天文发现之一擦肩而过。

在经历了两次失之交臂以后，赫马森终于等到了属于自己的机会。1928 年，他开始与哈勃合作，研究星系的运动速度与它们到地球距离之间的关系。两人分工合作：赫马森基于多普勒效应，测量遥远星系的运动速度；哈勃则基于标准烛光，测量这些星系到地球的距离。

1929 年，哈勃和赫马森已经测量了 46 个星系的速度和距离。结果显示，所有的星系都在远离地球。由于其中一大半的星系数据都存在很大的误差，哈勃只采用了那些他觉得有信心的数据。而基于这些星系观测数据，哈勃发表了一篇名为《河外星云距离与其径向速度的关系》的论文。

但这篇划时代的论文，并没有把赫马森列为作者。正因为如此，赫马森后来并没有获得自己应得的荣誉，而仅仅被视为"哈勃背后的男人"。

这篇论文的核心结论见图 10。此图的横轴代表星系到地球的距离，其单位是百万秒差距（100 万秒差距约等于 326 万光年）；而纵轴代表星系的径向速度，其单位是千米/秒。图中的众多圆点代表哈勃和赫马森测量的那些星系。从图中可以看出，星系的径向速度与它到地球的距离正相关：星系离地球越远，它的退行速度（即远离地球的速度）就越大。

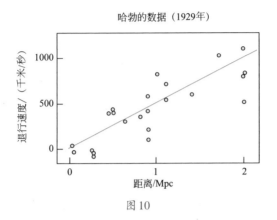

图 10

但正相关仅仅是一个定性的结论。要是从定量的角度，确定此图中星系的退行速度与它们到地球距离之间的数学关系，就没那么容易了。此时的哈勃展现了他惊人的洞察力。他在图中画了一条穿过数据点的直线，然后宣称星系的退行速度正比于它们到地球的距离。

历史证明了哈勃的洞见。此后两年时间，他和赫马森一直在测量更遥远星系的速度和距离。他们找到的最遥远的星系，其退行速度高达 20000 千米/秒，而距离则超过 1 亿光年。1931 年，哈勃与赫马森合写了一篇名为《河外星云的速度–距离关系》的论文。这篇论文的核心结论见图 11。这回，星系的观测数据与哈勃画的直线完美契合。

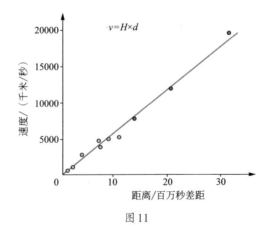

图 11

星系的退行速度与它们到地球的距离成正比。这个结论，后来被称为哈勃定律。正是由于这条哈勃定律，人类终于意识到宇宙在膨胀。毫无疑问，这是天文学史上最伟大的发现之一。

哈勃定律到底意味着什么呢？答案是，它揭示出我们的宇宙必须满足宇宙学原理：宇宙在大尺度结构上是均匀且各向同性的。均匀是指，宇宙中的物质是均匀分布的；而各向同性是指，宇宙在各个方向上看起来都一样。这样一来，对于宇宙中任意位置的观测者，无论是什么时间，无论以什么角度，宇宙在大尺度结构上看起来都一样。

为了描绘这个宇宙图像，我们来做一个类比。想象有一个小圆球，突然发生了爆炸。这场爆炸把圆球炸成了许许多多大小一样的碎块，随即呈球形向外飞散。然后，你在一个飞散的碎块上，向位于球面上的其他碎块眺望（注意，你的视野始终局限在这个扩散的球面上，而无法望向其他的空间纬度）。这时你看到的碎块不断飞散、互相远离的画面，就满足哈勃定律和宇宙学原理。

在一个均匀且各向同性的宇宙中，所有的星系都在互相远离。这就是我们的宇宙正在放的电影。

现在，在脑海中把这部宇宙电影倒着放。你会发现所有的星系都在互相靠近。随着时间的不断推移，它们会变得越来越近，越来越近，最后恰好回到最初的一点。换句话说，在过去的某个时刻（现在一般认为是 138 亿年以前），宇宙中所有的物质都聚在一起，完全密不可分。你可以把这个最初的时刻定义为宇宙的起点。

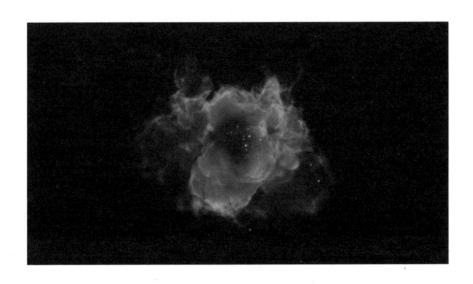

　　这个图像，就是我们后面要重点介绍的宇宙大爆炸。

　　现在我们已经知道，哈勃定律揭示了宇宙会有一个起点，一个创生的时刻。那么，宇宙创生之初到底发生了什么？

　　欲知详情，请听下回分解。

暴胀 7

上节课的结尾，我们提出了这样一个问题：宇宙创生之初到底发生了什么？

目前学术界最主流的答案是，暴胀。[①]

那什么是暴胀呢？且听我慢慢道来。

暴胀的英文是 inflation，其本意是通货膨胀。通货膨胀说的是，在一段时间内，社会上流通的货币总量发生了显著的增长。而暴胀说的是，在宇宙创生后的一刹那，宇宙的体积发生了急剧地膨胀。

---

① 除了暴胀以外，理论家们还提出过火劫、反弹、弦气等宇宙起源理论。限于篇幅，这里就不介绍其他三种理论了。

这个膨胀到底有多剧烈呢？答案是，在转瞬之间，宇宙总体积就膨胀了至少 1.6×10^{60} 倍。这是什么概念呢？大概相当于一栋两层高的小楼，瞬间变得和整个银河系一样大。经过如此疯狂的膨胀之后，宇宙就变得和一个棒球差不多大小。然后，大爆炸才正式启动，最终让宇宙变成了我们今天看到的样子。

说到这里，你可能会觉得匪夷所思。为什么在宇宙创生之初要有一场暴胀？人类又是怎么发现此事的？

这就要从一个郁郁不得志的博士后的故事讲起了。他名叫艾伦·古斯（Alan Guth）。

1977 年，多年研究粒子物理的古斯，跑到康奈尔大学物理系做第三期博士后。在此之前，他一直没做出足够好的科研成果，再加上运气不佳赶上了美国战后的婴儿潮，所以也一直没能找到大学助理教授的职位。如果再做不出好的科研成果，他就要被迫离开学术界了。

在康奈尔大学，古斯遇到了一个与他同病相怜的第三期博士后。此人是一个华人，名叫戴自海（Henry Tye）。

戴自海以前也研究粒子物理，后来转行做了宇宙学。他游说古斯，说粒子物理中最重要的课题已经被别人做得差不多了，不如和他一起做宇宙学。结果古斯根本没搭理他。戴自海也不气馁，还是隔三岔五就来游说古斯，这一游说就是两年。

直到 1979 年，事情才有了转机。那年年初，美国大物理学家斯蒂文·温伯格（Steven Weinberg）到访康奈尔大学，并做了两场用粒子物理学理论研究宇宙学的演讲。温伯格是诺奖得主，同时也是美国粒子物理学界的领袖。古斯一看连大名鼎鼎的温伯格都这么关心宇宙学，这才下定决心，与戴自海一起转战宇宙学。

古斯和戴自海研究的，是一个与宇宙起源八竿子也打不着的课题，叫磁单极子问题。

简单解释一下什么是磁单极子。所有磁铁都有一个共同的特征：一定同时具有南北两极。即使把一块磁铁从中间一切两半，新得到的两块磁铁也会重新产生南极或北极。那么，有没有可能存在一种只有南极或北极的磁铁呢？理论上是可能的。像这种只有南极或北极的磁铁，就是磁单极子。

按照当时物理学界最流行的大统一理论，磁单极子在宇宙中应该是无处不在的，那为什么在真实世界中却连一个也找不到呢？这就是物理学界赫赫有名的磁单极子问题，同时也是古斯和戴自海决心挑战的课题。

他们的研究表明，解决磁单极子问题的关键是一个被称为"假真空"的概念。

为了解释什么是假真空，我们得先从真空的概念说起。很多人认为，真空就是一片什么东西都没有的空间区域。但我要告诉你的是，这种看法是错的。真空其实是有能量的。一个真空有能量的例子是著名的卡西米尔效应：由于真空有能量，处于真空中的两片不带电且相距很近的金属板之间会出现吸引力。而这个卡西米尔效应，已经得到了实验的证实。

卡西米尔金属板　　　　真空涨落

一旦知道真空有能量，假真空就不难理解了。想象一座延绵起伏的大山，高的地方是山峰，矮的地方是山谷（如图12所示）。那么，如果在这座山上放一个小球，它在哪里可以保持静止呢？答案是山谷。现在把山的海拔高低视为空间本身的能量大小。凡是能让小球保持静止的山谷，全都处于真空的状态。换言之，真空就是能让置身其中的物体稳定存在的时空区域。很明显，真空也会有能量大小的差异，就像是山谷也会有海拔高低之分。其中能量最小的真空，对应于图中海拔最低的山谷，称为"真真空"；至于能量较大的真空，对应于图中海拔较高的山谷，则称为"假真空"。换句话说，假真空就是能量较高的真空。

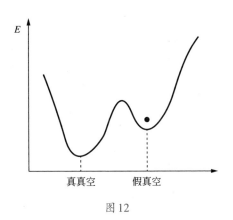

图 12

戴自海率先意识到了一个最核心的问题：如果宇宙在诞生之初就处于一个假真空的环境里，它将会如何演化？这个问题，让人类迈出了破解宇宙创生之谜的关键一步。

但就在取得重大突破的前夕，戴自海却跑回中国参加了一个为期一个半月的学术会议。那是一个没有电子邮件和智能手机的年代。戴自海一回中国，就与古斯断了联系；等他重返美国的时候，古斯已经离开康奈尔去了斯坦福，而两人的合作也就此终止。

而正是在分开后的这段时期，古斯做出了宇宙学历史上最重大的突破之一。他发现，如果宇宙诞生在一个能量很高的假真空环境里，它就会被假真空的能量推动而向外膨胀。这就像是烤箱里的面团，会受到烤箱的热量而膨胀成面包。更关键的是，古斯发现在这种情况下，宇宙一定会发生指数式的急剧膨胀。而这正是前面说过的暴胀。

基于这个研究，古斯于 1981 年发表了一篇划时代的论文，正式提出了暴胀的概念。这篇论文，让古斯在学术界一夜暴得大名。遗憾的是，戴自海没被列为这篇论文的作者。

为什么古斯的暴胀理论能一夜爆红呢？原因在于，它一口气解决了三个困扰物理和天文学界的超级难题。

第一个是磁单极子问题：为什么我们完全找不到磁单极子？

为了便于理解，我还是打个比方。将一把花瓣撒到一盆水中，你肯定能很轻易地在这盆水中把花瓣都找出来。如果把花瓣当成是磁单极子，磁单极子问题就是在问：为什么按理说很容易找到的花瓣，却完全找不到了？

暴胀理论对此问题的答案是，这盆水在转瞬之间就变得和太平洋一样大了。现在，你还能在太平洋中把这些花瓣都找出来吗？显然是做不到了。

第二个是平坦性问题：为什么宇宙会如此平坦，以至于我们完全察觉不到空间本身的弯曲？

在日常生活中，我们对平坦和弯曲的概念一直局限在二维。比如说，桌子表面是平坦的，皮球表面是弯曲的，而两者都是二维的。这是因为，我们生活在三维空间，所以只能感知二维的平坦和弯曲。

假设有一只生活在二维世界中的小蚂蚁，它该如何判断自己所处的二维空间到底是平坦还是弯曲呢？有个简单的办法：它可以在自己的二维空间内画一个三角形，然后测量此三角形的三个内角之和。如果内角之和等于180°，它所处的空间就是平坦的；如果内角之和大于180°，它所处的空间就弯成了一个球的形状；而如果内角之和小于180°，它所处的空间就弯成了一个马鞍的形状。

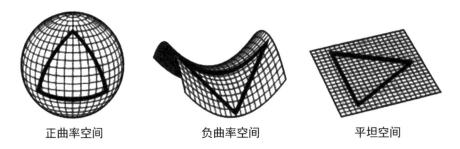

正曲率空间　　　　　　　　负曲率空间　　　　　　　　平坦空间

让我们回到三维世界。现在问题来了：怎么判断我们的三维空间到底是平坦的还是弯曲的呢？答案是，同样可以用画三角形的办法判断[①]。这意味着，类似于二维空间，三维空间也可以处于平坦或弯曲的状态。

现在你已经知道，从理论上讲，宇宙既可以是平坦的，也可以是弯曲的。因为平坦的状态只有一种，而弯曲的状态有无数种，所以从概率的角度来说，宇宙处于弯曲状态的可能性要大得多。但实际的天文观测

———————————

① "数学王子"高斯（Gauss）就曾这么干过。他是世界上最早怀疑我们生活的三维空间其实并不平坦的人之一，为此他还专门跑到德国的深山里测过三角形的内角和。不过此事，高斯是偷偷摸摸干的。因为他怕别人知道以后，会嘲笑他是神经病。

表明，我们的宇宙是平坦的。这就很奇怪了。为什么宇宙会恰恰处于可能性最小的平坦状态呢？这就是所谓的平坦性问题。

暴胀理论对此问题的答案是，无论宇宙在创生之初是什么形状，暴胀都能把它抹平。举个现实生活中的例子。如果给你一颗小玻璃球，你一眼就能看出它是弯曲的。现在把这颗玻璃球变得和地球一样大，你还能一眼看出它并不平坦吗？显然就不行了（我们每天生活在地球上，根本察觉不到大地其实是球形的）。这意味着，半径越大的圆球，其弯曲程度就越小。暴胀迅速放大了整个宇宙的尺寸，从而把宇宙创生之初的空间弯曲给抹平了。

第三个是视界问题：为什么宇宙会这么均匀，以至于到处看起来都一样？

为了便于理解，我还是打个比方。有一群考生，在同一间教室里参加了一场两小时的考试。后来老师在批卷子的时候，发现所有人的答卷都完全相同，就连错误都一模一样。这该怎么解释呢？很明显，唯一的可能就是这些考生互相对了答案；或者说，他们彼此之间交流了信息。

现在有两批考生，其中一批人待在地球，而另一批人待在离地球4.3光年之遥的比邻星，他们都在同一时间参加了一场两小时的考试。你猜结果如何？所有人的答卷依然完全相同，就连错误都一模一样。

这就很诡异了。答卷一模一样，说明他们之间肯定交流了信息。但这两批考生相距4.3光年之遥，即使用速度最快的光，也要花整整4.3年才能把答案传过去。那他们是用什么办法，在短短两小时的时间内就完成了信息的交流？

这个问题可以扩展到整个宇宙。目前的天文观测表明，在足够大的尺度上，宇宙中的物质分布地特别均匀，以至于到处看起来都一模一样。这说明，过去一定发生了信息的交流。但整个宇宙又这么大，即使是速度最快的光也不可能跑完，那它们到底如何完成信息的交流？换言之，宇宙如何完成超光速的信息交流？这就是所谓的视界问题。

暴胀理论对此问题的答案是，这两批考生一直待在同一间教室，只是由于暴胀让空间本身发生了急剧膨胀，从而让这两批考生之间的距离拉大到了 4.3 光年。其实在考试刚开始的时候，他们就已经完成了信息的交流。

由于一口气解决了磁单极子问题、平坦性问题和视界问题这三大科学疑难，暴胀理论一跃成为学术界最主流的宇宙创生理论。古斯也因此结束了颠沛流离的博士后生涯，被直接破格提拔为麻省理工学院的正教授。

但没过多久一些科学家就发现，古斯的理论其实存在着一个很大的缺陷。

前面讲过，在创生之初，宇宙处于一个能量很高的假真空环境。所以它会被假真空的能量推动做指数式的膨胀，这就是所谓的暴胀。不过，暴胀中的宇宙若想顺利变成我们今天看到的样子，必须要同时满足两个条件。

第一个条件，它要能及时地从假真空环境逃到真真空环境，从而让暴胀结束。你可以把假真空当成是给宇宙吃的兴奋剂。运动员偶尔吃一点兴奋剂，能够大幅度提高运动成绩；但他要是每天都把兴奋剂当饭吃，肯定活不久。类似地，宇宙要是只在假真空环境下待一小段时间，就能靠暴胀解决一系列宇宙难题；但要是在假真空环境下待得太久，肯定会被暴胀扯得粉碎。

第二个条件，它要能在逃离假真空环境的过程中获得能量，从而为宇宙大爆炸（宇宙大爆炸的内容，我们下节课再详细介绍）点火。这是因为暴胀只是一个起点，之后还必须发生一次大爆炸，才能让宇宙逐渐变成今天的样子。要想引发大爆炸，就需要大量的能量。换句话说，要是不能在逃离假真空的过程中获得能量，宇宙大爆炸就发生不了。

知道了这两个条件，就可以讲讲古斯理论的缺陷了。按照古斯的理论，假真空是一个比真真空海拔更高的山谷。如果把刚刚诞生的宇宙当成一个皮球，那么它就诞生在一个假真空的山谷中。由于假真空山谷的周围都是比它能量更高的山坡，皮球很难从这个山谷中跑出去。

古斯认为，宇宙皮球可以用"量子隧穿"的方式逃离。为了便于理解，你可以把量子隧穿想象成《哈利·波特》中的一个咒语："幻影移形。"只要挥舞魔杖并念出这个咒语，你就能从原先待的地方消失，并凭空出现在另一个地方。量子隧穿也能达到类似的效果。这样一来，原本诞生在假真空山谷中的宇宙皮球，在发生了量子隧穿以后，就能直接跑到真真空山谷了。

但问题在于，宇宙要是真的通过量子隧穿的方式逃离假真空，那它就无法获得任何能量了。做个类比，如果一个皮球从山顶上滚下来，那么当它滚到山脚时，会达到最大的速度。这是因为，皮球在山顶的重力势能会转化为它在山脚的动能。但如果皮球用幻影移形咒下山，那么它的运动状态就不会发生改变：下山前静止，下山后也还是静止。换句话说，皮球用量子隧穿的方式下山，就无法获得任何能量。

同样的道理，宇宙要是通过量子隧穿的方式，从假真空环境跑到真真空环境，也无法获得任何能量。换句话说，按照古斯的理论，根本没办法为宇宙大爆炸点火。

最早化解这个危机的人，是暴胀学派的二号人物安德烈·林德（Andrei Linde）。而林德提出的解决之道，叫作慢滚暴胀理论。

慢滚暴胀理论说的是，宇宙并非诞生于一个假真空的山谷，而是诞

生于一个假真空的山顶平台。很明显，皮球在山顶平台上也能保持静止，所以这个山顶平台同样可以被视为真空。

山顶平台的边缘，是通往真真空山谷的山坡。这样一来，皮球要离开山顶，就不再需要依靠量子隧穿，而可以沿着山坡正常地滚下来。换句话说，如果宇宙诞生之初就位于一个假真空的山顶平台上，那么它就能沿着平台边缘的山坡直接滚落到真真空的山谷，并自然而然地获得为大爆炸点火的能量。让宇宙从假真空平台上慢慢滚下来的暴胀，就是所谓的慢滚暴胀。

慢滚暴胀概念的提出，补齐了暴胀理论的最后一块短板，从而让暴胀理论成为一个真正意义上的诺奖级的发现（时至今日，暴胀理论已经拿遍了除诺贝尔奖以外的所有科学界的大奖）。

最后，我再介绍暴胀理论的一个特别震撼的推论。

1983年，美国物理学家保罗·斯泰恩哈特（Paul Steinhardt）打开了一个暴胀理论的潘多拉魔盒，也就是所谓的永恒暴胀。它说的是，暴

胀一旦开始，就永远都不会结束。

为了更好地解释永恒暴胀，我还是打一个比方。前面说过，要想制造一次暴胀，关键是要有一个假真空，也就是一个能量较高的真空。现在把假真空想象成一棵巨大无比的苹果树。苹果树的养分能在枝头结出苹果，就像假真空的能量能在某个空间区域造出一个暴胀的宇宙。当苹果长到足够大的时候，就会掉落；然后苹果树又可以结出新的苹果。类似地，当宇宙膨胀到足够大的时候，就会掉到真真空的山谷，然后假真空又可以制造新的暴胀宇宙。换句话说，永恒暴胀理论认为，假真空是一棵能够不断结出宇宙的苹果树，而我们的宇宙只是它结出的众多苹果中的一个。

要想理解永恒暴胀理论所带来的巨大冲击，不妨先回顾一下历史。400 多年前，望远镜的发明让学术界意识到，我们的太阳并非银河系中唯一的恒星；100 多年前，标准烛光的发现让学术界意识到，我们的银河系并非宇宙中唯一的星系；而 1983 年，永恒暴胀理论的提出则让学

术界意识到，就连我们的宇宙也不见得是唯一的宇宙。这就是所谓的多元宇宙图像（按照弦论的观点，永恒暴胀所能创造的宇宙数量，大概是10 的 500 次方的量级。说得更准确一点，总共有 10 的 500 次方颗能产生宇宙的"苹果树"）。

时至今日，绝大多数的宇宙学家都已经接受了多元宇宙的概念。特别有趣的是，这个诡异的概念居然在公众间也颇受欢迎。比如说，美国著名的漫画公司漫威，就把它旗下诸多超级英雄所处的世界称为漫威多元宇宙。

我们已经介绍了宇宙创生后发生的第一件事，也就是暴胀。那么，暴胀之后宇宙又发生了什么呢？

欲知详情，请听下回分解。

宇宙大爆炸 8

上节课的结尾，我们提出了这样一个问题：暴胀之后宇宙又发生了什么呢？

答案是，宇宙大爆炸。

人类发现宇宙大爆炸的历史，得从一位比利时的天主教神父说起。他叫乔治·勒梅特（George Lemaître）。

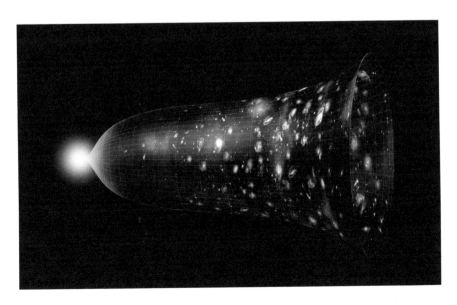

勒梅特参加过第一次世界大战，并因为作战英勇而获得过铁十字勋章。"一战"后，他上了一所神学院，并被任命为天主教牧师。随后，他利用比利时政府提供的奖学金，先后前往剑桥大学、哈佛大学和麻省理工学院留学，并拿到了博士学位。

1925年，在比利时鲁汶大学找到固定教职的勒梅特，开始研究一个非常艰深的课题，那就是爱因斯坦（Einstein）的广义相对论。

广义相对论是爱因斯坦一生中最伟大的理论。它已经超越了牛顿万有引力定律，成了目前世界上最主流的引力理论[1]。

广义相对论最核心的公式是图13所示的爱因斯坦引力场方程。你不需要知道这个方程的细节。只要知道，方程的左式描述了宇宙的时空结构，而方程的右式描述了宇宙的物质分布；所以美国物理学家约翰·惠勒（John Wheeler）认为广义相对论的本质是，"物质告诉时空如何弯曲，

---

[1]　由于篇幅所限，这里就不展开介绍广义相对论了。对广义相对论物理图像感兴趣的读者，可以参阅我之前写的《宇宙奥德赛：漫步太阳系》一书的4.2节。

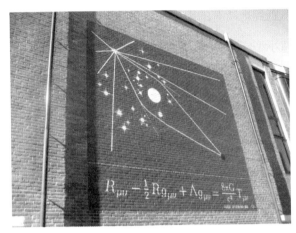

图 13

而时空告诉物质如何运动"。

重点来了。爱因斯坦最早写下这个引力场方程的时候，并不包括左
式中的第三项。但他很快发现，在引力的作用下，宇宙将无法保持静止
的状态。所以，爱因斯坦就在他的引力场方程中，引入了左式的第三项，
也就是所谓的宇宙常数项。宇宙常数项能产生斥力，从而与引力达成平
衡；这样一来，宇宙就可以处于永恒不变的静止状态。

勒梅特认为，宇宙常数项的引入非常突兀，根本就没什么道理。所
以他想搞清楚，如果去掉这个宇宙常数项，会对宇宙学有什么影响。

勒梅特的研究表明，如果在爱因斯坦引力场方程中没有宇宙常数
项，那么宇宙就必须处于不断膨胀的状态；而且勒梅特预言，星系的退
行速度应该与它们到地球的距离成正比。这恰好就是后来哈勃所发现的
哈勃定律。

勒梅特并没有就此止步。他尝试倒放宇宙的电影。如果宇宙真的在
膨胀，那么过去的宇宙一定比现在的宇宙要小。随着时间的倒流，宇宙

会越来越小，直到把所有的天体都挤进一个超小型的宇宙。勒梅特就把这个最初的超小型宇宙称为"原始原子"。

一些大质量的原子（例如铀原子）会发生放射性衰变，从而分裂成较小的原子，并向外发射粒子和能量。所以勒梅特猜想，原始原子也会发生放射性衰变；衰变所放出的能量推动了宇宙的膨胀，而衰变所产生的物质凝聚成了星系和恒星。

宇宙起源于一个原始原子的放射性衰变，这就是勒梅特提出的"原始原子假说"。它正是宇宙大爆炸理论的雏形。

1927 年，勒梅特在一次物理学会议上见到了爱因斯坦。他连忙凑到爱因斯坦身边，向这位科学巨人介绍自己提出的宇宙膨胀模型和原始原子假说。

结果，爱因斯坦完全不屑一顾。他告诉勒梅特，宇宙膨胀并不是什么新鲜事物；早在 5 年前，就已经有一个叫弗里德曼（Friedmann）的数学家提出了相同的理论（勒梅特此前并不知道弗里德曼的工作，所以宇宙膨胀的猜想是弗里德曼和他各自独立地提出的）。至于原始原子假说，爱因斯坦的评价是："你的计算是正确的，但你的物理是可憎的。"

爱因斯坦的敌意和打压让勒梅特心灰意冷，而原始原子假说也被学术界打入了冷宫。但没过几年，勒梅特就"咸鱼翻身"了。这是因为，哈勃和赫马森发现的哈勃定律竟然与勒梅特的理论预言一模一样。这样一来，勒梅特就得到了包括英国大天文学家恶瑟·爱丁顿（Arthur Eddington）在内的一众学术界大佬的支持。最后，就连爱因斯坦都放弃了自己的静态宇宙模型，宣称引入宇宙常数项是他"一生中最大的错误"。①

　　但后来人们意识到，勒梅特的原始原子假说依然存在着一个很大的缺陷：它根本无法解释宇宙中主要化学元素的丰度。

　　为了讲清楚这个问题，我们先从人们比较熟悉的化学元素周期表说起。这张表记录了人类目前发现的所有化学元素，其中排在前两位的元素，是氢和氦②。

　　天文观测表明，氢和氦的质量能占宇宙中所有化学元素总质量的99%；而氢和氦的质量之比，正好是3∶1。为什么氢和氦的质量之比正好是3∶1呢？这就是所谓的宇宙元素丰度问题。

　　最早破解这个超级难题的是一位传奇人物。他就是俄裔美籍物理学家乔治·伽莫夫（George Gamow）。

①　诡异的是，到了20世纪末，情况竟然再次发生反转。以今天的眼光来看，宇宙常数不但不是爱因斯坦犯的错误，反而有可能是他最伟大的洞见。

②　氢原子由一个氢原子核和一个电子构成，氢原子核包含一个质子；氦原子由一个氦原子核和两个电子构成，氦原子核包含两个质子和两个中子。

伽莫夫本科就读于列宁格勒大学，师从于我们前面提到过的、最早指出宇宙可能在膨胀的俄国数学家弗里德曼。不过，当时的伽莫夫对宇宙学毫不关心，他真正感兴趣的是量子力学及核物理。拿到博士学位以后，他跑到哥本哈根大学和剑桥大学做博士后，并在核物理的领域做出了世界级的成果。一家苏联的报纸对此进行了专题报道，并宣称："一位苏维埃学者向西方表明，在俄罗斯的土地上也能产生自己的柏拉图和牛顿。"

27岁那年，伽莫夫回到苏联，并成为了列宁格勒大学的教授。但没过多久，他就发现自己在苏联过得很不开心，所以就想带着自己的妻子离开苏联。

他曾和妻子一起前往一个位于苏联北部边境的小村庄，希望横渡北极水域跑到挪威，但因为有很多士兵把守边境线，不得不铩羽而归。他也曾和妻子一起划一艘皮划艇，希望能横渡黑海跑到土耳其，结果遇到了一场大风暴，把他们的皮划艇打回了苏联的海岸。

后来在大物理学家玻尔（Bohr）和居里夫人（居里夫人一般指玛丽·居里，Marie Curie）的帮助下，伽莫夫利用一次出国开会的机会，成功地离开了苏联。30岁那年，他移民美国，成为华盛顿大学的教授。

当时的伽莫夫主要关心一个核物理领域的课题，即发生在恒星中心区域的氢核聚变（也就是4个氢核聚变为1个氦核的过程）。伽莫夫发现，恒星产生氦的速率非常慢：大概要花270亿年，才能让氢和氦的质量之比达到3∶1。这意味着，恒星中心区域的氢核聚变，并不是宇宙中最主要的产生氦的方式。那么，宇宙中如此之多的氦，到底从何而来?

正是这个问题,把伽莫夫的目光引向了宇宙起源之谜。

伽莫夫猜想,宇宙创生之初的极端高温会把所有的物质结构都打碎。因此,充斥在极早期宇宙中的只能是一锅由质子、中子、电子和光子混合而成的"热汤"。伽莫夫把这锅热汤称为"ylem"。"ylem"是一个已被废弃的古英语单词,它的意思是"构成元素的原始物质"。

随着宇宙的不断膨胀,这锅由质子、中子、电子和光子混合而成的"ylem"的温度,也会不断降低。当宇宙温度降到某个临界值的时候,"ylem"就会开启氢核聚变过程;而当宇宙温度继续降到另一个临界值的时候,"ylem"就会终止氢核聚变过程。在此期间,宇宙就可以产生大量的氦。这个过程,就是所谓的"原初核合成"。

顺便多说一句。按伽莫夫的原意,这个原初核合成的过程其实就是宇宙大爆炸。

这是一个非常天才的构想。但问题是,计算原初核合成过程中发生的各种核反应,是一件极端复杂的事情。伽莫夫的数学不好,根本无力完成这么复杂的计算,所以他面临的是一种几乎绝望的困境。

直到 1945 年,伽莫夫才看到了走出这个困境的曙光。他遇到了一个堪称数学天才的年轻人,名叫拉尔夫·阿尔菲(Ralph Alpher)。

16 岁那年,阿尔菲拿到了麻省理工学院(Massachusetts Institute of Technology,MIT)的全额奖学金。但不幸的是,在与 MIT 校友聊天的时候,阿尔菲不慎暴露了自己的犹太血统,这导致他的奖学金被直接取消。无奈之下,阿尔菲只好选择白天工作,晚上念华盛顿大学的夜校。

最终，他通过这样的方式，拿到了自己的学士学位。

正是在此期间，伽莫夫遇到了阿尔菲。这个年轻人的数学才华，让伽莫夫眼前一亮。因此，他立刻将阿尔菲招收为自己的博士生。

伽莫夫和阿尔菲对原初核合成的研究持续了整整 3 年。他们完成了一个跨学科的壮举：用核物理的知识来研究宇宙起源。最终的计算结果表明，在原初核合成的末期，差不多每 10 个氢原子核能生成 1 个氦原子核。这样一来，当原初核合成结束后，氢和氦的质量之比就会达到 3∶1。这意味着，宇宙大爆炸理论能够完美地解释氢元素和氦元素的丰度。这是继成功预言哈勃定律以后，宇宙大爆炸所取得的又一次重大胜利。

为了宣布这个重大突破，伽莫夫和阿尔菲用他们最终的计算结果和结论，写了一篇名为《化学元素的起源》的论文。这篇论文在 1948 年 4 月 1 日，也就是愚人节的那天，发表在了《物理评论》杂志上。这是一篇很有愚人节特色的论文。因为伽莫夫把自己一个与此论文毫无关系的朋友［此人是汉斯·贝特（Hans Bethe），1967 年诺贝尔物理学奖得主］，强行塞进了作者的列表。伽莫夫之所以要这么做，是为了让此文三个作者的名字——阿尔菲、贝特、伽莫夫，连起来能凑成 α β γ。因此，后人也把这篇愚人节论文，称为 α β γ 论文。

这篇 α β γ 论文，无疑是宇宙学史上的一座丰碑。它证明了一锅由质子、中子、电子、光子混合而成的"热汤"，就足以最终演变成我们今天看到的宇宙。

基于这篇论文，阿尔菲开始申请他的博士学位。最后的博士答辩，

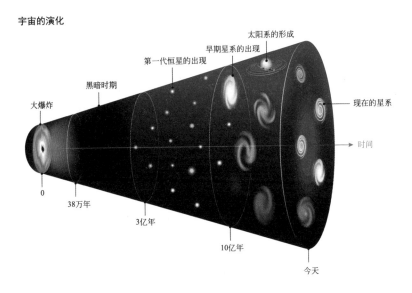

宇宙的演化

吸引了一大批华盛顿的记者。他们注意到了阿尔菲在答辩时说的一个结论：氢和氦的原初核合成，只发生在最初的 300 秒以内。此后数天，这句话成了多家美国报纸的头条新闻。《华盛顿邮报》就写道："世界始于最初的 5 分钟。"

后来的研究表明，宇宙创生的时间（即原初核合成结束的时间）大概是 3 分钟。接下来，我就用现代的观点，为你播放一下这部宇宙创生的电影。

在 138 亿年前的某个时刻，宇宙诞生。此时，宇宙的体积为 0，温度无限高，密度无穷大，这就是宇宙奇点。目前，人类对宇宙奇点还一无所知。

在诞生后的 10^{-43} ~ 10^{-35} 秒里，宇宙处于普朗克时期。在此期间，自然界中的四种基本力，即引力、电磁力、强核力和弱核力，还属于同一种力，即超力（superforce）。[1] 到了 10^{-35} 秒，宇宙温度下降到 10^{27}℃，此时发生第一次宇宙相变[2]，让引力从超力中分离出来。

在诞生后的 10^{-35} ～ 10^{-32} 秒里，宇宙处于暴胀时期。在此期间，宇宙总体积至少膨胀了 1.6×10^{60} 倍，相当于从一栋两层小楼瞬间变得和整个银河系一样大。上一节讲过，由于这个急剧地膨胀，磁单极子问题、平坦性问题和视界问题这三大疑难，全都迎刃而解。这段时期的另一件大事，是发生了第二次宇宙相变，让强核力也从超力中分离出来。到了 10^{-32} 秒，宇宙脱离了假真空的环境，暴胀也随之终止。

在诞生后的 10^{-32} ～ 10^{-10} 秒里，宇宙处于物质形成时期。此前的暴胀让宇宙温度急剧下降。但是宇宙在脱离假真空环境的过程中又获得了大量的能量（参阅上一节讲的慢滚暴胀理论），而这些能量又为宇宙重新加热。此后，宇宙中充斥着正反物质[3]，主要是夸克（夸克是一种比质子和中子更基本的微观粒子。事实上，质子和中子都是由三个夸克构成的）、反夸克、电子和反电子。随着温度的下降，正反物质会发生湮灭（一个正物质粒子与它的反物质粒子相撞后，会一起消失，并发出两个光子。这个现象就是湮灭）。由于某种原因，在宇宙中正物质粒子

---

[1] 很多物理学家相信，引力、电磁力、强核力和弱核力在宇宙创生之初是统一的；随着宇宙温度的下降，这四种力就逐一分离出来。

[2] 相变是指在某种临界条件下，事物从一种状态突变到另一种状态的现象，例如，温度降到 0℃时的水变冰。

[3] 反物质与物质的唯一区别，是它们所带电荷的符号不同。比如说，质子带正电荷，而反质子带等量的负电荷；电子带负电荷，而反电子带等量的正电荷。

的数量比反物质粒子的数量要多 10 亿分之一。等正反物质互相泄火后，这多出来的 10 亿分之一的物质，就逐渐演化成了我们今天看到的宇宙。到了 10^{-10} 秒，宇宙温度下降到 $10^{15}℃$，此时发生了弱电相变，让弱核力和电磁力也分离开来。

在诞生后的 10^{-10} ～ 1 秒里，宇宙处于夸克禁闭时期。在此期间，夸克互相结合，产生质子和中子。这就是伽莫夫设想的那锅由质子、中子、电子、光子混合而成，名为"ylem"的热汤的起源。到了秒的时候，宇宙温度下降到 $10^{10}℃$，随之启动氢核合成过程。

而在诞生后的 1 秒至 3 分钟里，宇宙处于原初核合成时期（按照 αβγ 论文的原意，原初核合成就等同于宇宙大爆炸）。在此期间，由质子、中子、电子、光子混合而成的热汤一直在进行核聚变反应。到了 3 分钟的时候，核聚变终止。此时宇宙变成了一个由氢和氦构成的火球，且氢和氦的质量之比为 3∶1；此外，在火球中也有少量的锂元素。

时至今日，这个看起来玄乎其玄的宇宙大爆炸理论，早已成为学术界最有名、也最成功的宇宙起源理论。

为什么宇宙大爆炸理论能取得如此巨大的成功？

欲知详情，请听下回分解。

9 宇宙微波背景辐射

上节课的结尾，我们提出了这样一个问题：为什么宇宙大爆炸理论能取得如此巨大的成功？

原因是，人类后来找到了宇宙大爆炸最核心的理论预言，即宇宙微波背景辐射。

人类探索宇宙微波背景的故事，得从一个之前已经登过场的人物讲起。他就是 $\alpha\beta\gamma$ 论文中的那个 α，拉尔夫·阿尔菲。

前面我们讲过，伽莫夫为了把作者列表凑成 α β γ，强行把他的朋友贝特拉进了作者名单。伽莫夫开的这个玩笑，让一个人感到极端不满，此人就是阿尔菲。

阿尔菲担心，一旦加入贝特的名字，就会大大降低学术界对自己的评价。大家会认为，这篇提出宇宙大爆炸和原初核合成概念的论文主要是伽莫夫和贝特的功劳，自己只是在给这两个大科学家打工罢了。

所以，阿尔菲就需要甩开自己的导师伽莫夫，单独完成一项关于宇宙大爆炸的研究工作。这样一来，他才能证明自己是一个足以独当一面的科研人才。

阿尔菲开始与一位叫罗伯特·赫尔曼（Robert Hermann）的同事合作，进一步研究宇宙大爆炸理论。他们最关心的问题是，宇宙大爆炸有没有一个能被天文观测检验的理论预言（氢和氦的宇宙丰度不算。因为早在宇宙大爆炸理论提出前，人们就已经知道了宇宙中氢和氦的质量之比是 3∶1）。换句话说，他们想知道，有没有能被天文观测看到的宇宙大爆炸的遗迹。

说到这里，你可能会觉得匪夷所思了。一场发生在 138 亿年前的大爆炸，怎么可能会留下今天还能看到的遗迹？但是阿尔菲和赫尔曼的研究表明，还真有一样东西能留得下来，那就是宇宙大爆炸的火球所发出的光。

不过，这并不是宇宙创生之初所发出的光。这是因为，创生之初的火球过于炽热。在如此高温下，原子核无法与电子结合形成原子。此时的宇宙，就是一锅由原子核和自由电子混合而成的等离子体汤（等离子体是不同于固态、液态、气态的第四种物态。其核心特征是，原子核和电子各自独立，无法结合成原子）。

在这个充斥着等离子体汤的宇宙火球中还有大量的光子。光子非常容易与带电粒子发生相互作用。这意味着，只要宇宙的温度较高，就会让光处于一种被囚禁的状态。

一直到宇宙诞生后 38 万年后，宇宙火球的温度才下降到 3000℃。此时，原子核才能与电子结合形成原子，这就是所谓的宇宙复合时期。此后，就没有带电粒子来干扰光子的运动了。这样一来，光就可以在宇宙中自由传播了。

宇宙诞生 38 万年后发出的光，在经历了 138 亿年的悠悠岁月后，终于到达地球。这些光的波长，全都被宇宙膨胀拉伸到微波的波段。这些在宇宙诞生 38 万年后发出的、目前已处于微波波段的光，就是所谓的宇宙微波背景。而宇宙微波背景，就是能被天文观测看到的、宇宙大爆炸的理论预言。

1948 年年末，阿尔菲和赫尔曼在《自然》杂志上发表了一篇论文。这篇论文首次提出宇宙微波背景的概念。他们指出，如果宇宙大爆炸理论是对的，那么我们就能在地球上接收到来自宇宙各个方向、波长为毫米量级的微波信号。

从某种意义上讲，这是一篇比 $\alpha\beta\gamma$ 论文还要重要的史诗级论文。它让看似虚无缥缈的宇宙大爆炸理论登堂入室，成为一门真正意义上的现代科学。

不过，作为宇宙大爆炸理论的先驱，伽莫夫、阿尔菲和赫尔曼的前路依然遍布荆棘。

有个流传甚广的说法：如果你领先一个行业 1 年，就会成为这个行业的先驱；如果你领先一个行业 10 年，就会成为这个行业的先烈。

伽莫夫、阿尔菲和赫尔曼，就成为了宇宙学的先烈。

在此后的 5 年时间里，他们一直尝试说服天文学家去寻找宇宙微波背景。但是，根本没有任何人回应。由于天文学界对宇宙大爆炸理论的巨大冷漠，他们在 1953 年放弃了对宇宙起源的进一步研究。伽莫夫还是留在学术界，但把大量精力都拿去写科普书了。至于阿尔菲和赫尔曼，则先后放弃了学术界的生涯，转行去了工业界。

随着伽莫夫、阿尔菲和赫尔曼的离去，宇宙大爆炸理论就陷入了漫长的沉寂。直到 11 年后，由于另一个人的出现，宇宙大爆炸理论才得以重见天日。此人就是美国天文学家罗伯特·迪克（Robert Dicke）。

迪克是普林斯顿大学的天文系教授，同时也是一个拥有 50 多项专利的发明家。他发明过一种叫迪克辐射计的装置，该装置能以很高的灵敏度探测波长为 1 厘米的微波信号。而这个迪克辐射计，后来也成了所有射电望远镜的核心设备。

到了 20 世纪 60 年代，迪克突然对宇宙起源问题产生了兴趣。他和自己的得意弟子詹姆斯·皮布尔斯（James Peebles）一起，研究了宇宙创生之初产生的火球。而他们最关心的课题是，这个火球可不可能留下足以被射电望远镜看到的遗迹。

迪克和皮布尔斯的研究，最后变成了一篇两人合写、于 1964 年发表的论文。在这篇论文中迪克和皮布尔斯预言，宇宙大爆炸一定会留下宇宙微波背景，而后者完全可以被射电望远镜看到。不幸的是：在写这篇论文以前，迪克和皮布尔斯并没有做充分的文献调研；所以，他们没有意识到伽莫夫、阿尔菲和赫尔曼早已做过相同的研究。因此，这篇论文就对伽莫夫、阿尔菲和赫尔曼的工作只字未提。

迪克并不打算止步于此。他决定自己造一个射电望远镜，来搜寻宇宙大爆炸留下的宇宙微波背景。如果真能找到这个宇宙微波背景，那将成为天文学史上的一座丰碑。但迪克的梦想，却因为他在一年后接到的一通电话，而化为了泡影。

打这通电话的是贝尔实验室的两个研究人员，阿诺·彭齐亚斯（Arno

Penzias）和罗伯特·威尔逊（Robert Wilson）。

　　20世纪60年代初，贝尔实验室在新泽西州的克劳福德山上，造了一个跨度6米的"大喇叭"。这是一个可以360°旋转的射电天线，最初被设计用来接收一颗军事卫星发回地球的无线电波信号。项目结束后，这个射电天线被改造成了一个射电望远镜。彭齐亚斯和威尔逊的工作，就是用这个喇叭状的射电望远镜扫描天空，进而研究天上的各种射电源（即能发出无线电波的天体）。

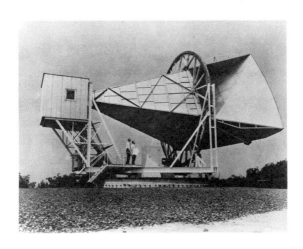

　　万万没想到，这成了两人"噩梦"的开始。

从建好望远镜的第一天起，彭齐亚斯和威尔逊就遇到了一个巨大的麻烦：他们的"大喇叭"会持续不断地收到一种特定频率的噪声，类似于电视机收不到电视台信号时出现的那种雪花屏。更诡异的是，不管他们如何调整"大喇叭"的方向，这种神秘的噪声都不会消失。换句话说，这种神秘噪声来自于宇宙的各个方向，而且完全不受昼夜和季节因素的影响。

一种神秘的无线电波信号，竟然持续不断地从宇宙的各个方向传来。这让彭齐亚斯和威尔逊不禁怀疑，是这个射电望远镜本身出了问题。他们花了一年的时间，检查了射电望远镜的每一个环节，包括所有的器件、线路和接口。经过仔细的排查，他们终于找到了"症结"所在：一对鸽子在大喇叭里筑了窝，并在射电天线上拉了很多白色的鸽子屎。彭齐亚斯和威尔逊猜测，正是这些落在天线上的鸽子屎，导致了那种神秘的噪声。

所以，彭齐亚斯和威尔逊就抓住了这对鸽子，然后把它们带到了50千米外的地方放飞。但问题是，鸽子有归巢的本能，没过多久这对鸽子又飞回了大喇叭。无奈之下，两人只好找了个猎人，以粗暴的方法解决了鸽子的问题。

然后，彭齐亚斯和威尔逊就清理了鸽子窝，并对这个大喇叭做了一番大扫除。经过一年的检查、清洁和重新布线，彭齐亚斯和威尔逊又打开了他们的射电望远镜。结果他们目瞪口呆地发现，那个困扰了他们整整一年的神秘噪声，依然存在。

就在彭齐亚斯即将崩溃之际，一个学术圈的朋友给他带来了福音。

这个朋友给彭齐亚斯寄去了一篇论文。它正是迪克与皮布尔斯合写的那篇预言宇宙微波背景辐射的论文。

看完这篇论文之后，彭齐亚斯顿时醍醐灌顶。他终于明白，已经折磨他整整一年的神秘噪声，并不是命运的诅咒，而是上天的眷顾。

于是，彭齐亚斯就和威尔逊一起，给当时正和学生吃午饭的迪克打了一通电话。他们告诉迪克，他们已经发现了迪克想要寻找的东西。放下电话后，迪克神情落寞地告诉自己的学生："我们被别人抢先了。"

1965 年夏天，彭齐亚斯和威尔逊在《天体物理学期刊》上发表了一篇划时代的论文。在这篇论文中，彭齐亚斯和威尔逊宣布，他们发现了一种来自宇宙各个方向的神秘微波噪声。文章花了不少篇幅来描述他们是如何排查仪器故障的。为了尽量文雅一点，凡是提到白色鸽子屎的地方，全都改成了"白色介电材料"。

与此同时，迪克的团队也在同一家杂志上，发表了姐妹篇论文：他们明确地指出，彭齐亚斯和威尔逊发现的神秘微波噪声，就是宇宙大爆炸的遗迹，即宇宙微波背景。对宇宙大爆炸学派来说，这无疑是一个最辉煌的胜利。

彭齐亚斯和威尔逊的重大发现，也激起了公众的强烈兴趣。就连《纽约时报》都以头版头条报道了宇宙微波背景的发现。报道引述了彭齐亚斯本人对此的描述："当你今晚走到户外，并摘下帽子，你的头皮就能感受到大爆炸带来的一丝温暖。如果你有一个品质良好的调频收音机，而且你站在两个微波中继站之间，你就会听到'嘶－嘶－嘶'的声音。你可能听到过这样的哗哗声。它像是一种抚慰，有时又像是海浪的拍击声。你听到的声音，大约有千分之五来自于数十亿年前传来的宇宙噪声。"

宇宙微波背景的发现，让沉寂多年的宇宙大爆炸理论在一夜之间就登上了科学的神坛。听到这个消息后，伽莫夫、阿尔菲和赫尔曼也回来了，但他们的喜悦中却夹杂着苦涩。因为他们早年的开创性贡献已经被世人遗忘了。就连发表在《天体物理学期刊》上的那两篇论文，也对他们 3 人的贡献只字不提。

伽莫夫试图利用一切机会在公共场合发声，以确立自己团队在宇宙大爆炸和宇宙微波背景领域的优先权。举个例子，有人在一个学术会议上问伽莫夫：彭齐亚斯和威尔逊发现的宇宙微波背景，是否确实是他、阿尔菲和赫尔曼曾经预言过的现象。伽莫夫傲然地回答道："好吧，让我打个比方。我在这附近掉了一枚硬币。现在有人在我掉硬币的地方找到了一枚硬币。我知道所有的硬币看起来都一样，但我相信这枚硬币就是我掉的那枚。"

后来彭齐亚斯也知道了此事。他给伽莫夫写了封信，要求伽莫夫提供能证明自己优先权的更多信息。伽莫夫在回信中，详细地介绍了自己团队之前所做的一系列研究工作。在信的结尾，伽莫夫不无讽刺地写道："所以你看，世界并非始于万能的迪克。"

而阿尔菲的反应就更激烈了。他曾经向一个记者公开表达自己对彭齐亚斯和威尔逊的愤慨："我能不失望吗？他们考虑过我的感受吗？他们甚至从未邀请我们去看看那个该死的望远镜！"

虽然迪克和皮布尔斯后来承认了伽莫夫、阿尔菲和赫尔曼的贡献，但是伤害已经造成。这场争吵的结果，让几乎所有人都成了输家。

宇宙微波背景的发现，让彭齐亚斯和威尔逊获得了 1978 年的诺贝尔物理学奖。但是对大爆炸宇宙学的建立做出了更大贡献的那 5 位理论家（即伽莫夫、阿尔菲、赫尔曼、迪克和皮布尔斯），却因为种种争议，迟迟没能戴上诺贝尔奖的桂冠。

直到 2019 年 10 月 8 日，诺贝尔物理学奖才被授予给 5 人中最年轻的皮布尔斯。这回，终于不再有任何争议了，因为其他 4 人都已经不在人世了。

我们已经讲完了人类发现宇宙大爆炸的漫长而曲折的历史。最后，我再介绍一项关于宇宙微波背景的研究。

1989 年，由美国科学家约翰·马瑟（John Mather）和乔治·斯穆特（George Smoot）领导的一个科研团队，发射了一颗名为"宇宙背景探测者"（cosmic background explorer，COBE）的卫星。发射这颗卫星的目的，是要以更高的精度来探测宇宙微波背景。

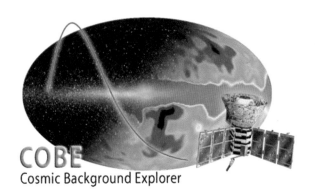

1992 年，COBE 团队宣布他们有了一个重大发现。这个发现后来

让马瑟和斯穆特拿到了 2006 年的诺贝尔物理学奖。

图 14 就是让马瑟和斯穆特拿到诺奖的重大发现。

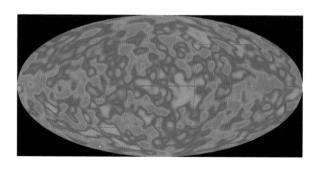

图 14

你可以把它想象成一张地图。准确地说，这是宇宙诞生 38 万年后的宇宙地图。图中红色的部分，表示宇宙中物质密集的区域；而蓝色的部分，表示宇宙中物质稀疏的区域。也就是说，利用 COBE 卫星，马瑟和斯穆特等发现，诞生 38 万年后的宇宙存在着物质分布的微小不均匀性。这种物质分布的微小不均匀性，就是所谓的宇宙密度涨落。

那么，宇宙密度涨落导致的不均匀性到底有多微小呢？答案是，图中红色区域的物质密度比蓝色区域的物质密度要大 10 万分之一。

正是这区区 10 万分之一的密度涨落，最终演变成了我们今天所看到的恒星世界。

那么问题来了：宇宙密度涨落为什么会演变成恒星呢？

欲知详情，请听下回分解。

恒星的一生 10

上节课的结尾，我们提出了这样一个问题：宇宙密度涨落为什么会演变成恒星呢？

答案是，由于宇宙版本的马太效应。

马太效应源于《新约·马太福音》中的一则寓言：一个要出远门的人，把自己的财产托付给了三个仆人。第一个仆人分到了 5000 银元，第二个仆人分到了 2000 银元，而第三个仆人分到了 1000 银元。许久之后，主人回来了，和三个仆人算账。第一个仆人说："主人，我把您给的 5000 银元拿去做生意，又赚了 5000 银元。"主人听后很高兴，就给他升了职。第二个仆人说："主人，我把您给的 2000 银元拿去做生意，又赚了 2000 银元。"主人听后很满意，也给他升了职。而第三个仆人说："主人，我把您给的 1000 银元埋在了地里，现在它们全在这里。"主人听后勃然大怒，立刻收回了他的 1000 银元，然后全部交给了现在已有 10000 银元的第一个仆人。

后来受这则寓言的启发，美国学者罗伯特·默顿（Robert Merton）提出了马太效应的概念。马太效应说的是，人类社会存在赢家通吃的现象。通俗地说，富人会越来越富，而穷人会越来越穷。

诡异的是，马太效应不光适用于人类社会，还适用于整个宇宙：宇宙中物质比较密集的区域，会依靠自身较大的引力把周围的物质都吸过来；而吸过来的物质多了，又能够让引力变得更大。如此一来，就会形成良性循环，让该区域变得越来越密集，最终造成引力塌缩。[①]

知道了宇宙版本的马太效应，我们就可以介绍恒星到底如何诞生了。恒星诞生的过程，可以分为三个阶段。

恒星诞生的第一阶段，是从宇宙密度涨落中产生分子云。

上节课已经讲过，在宇宙创生 38 万年后，出现了宇宙密度涨落：那些物质密集区域的密度，比物质稀疏区域的密度大 10 万分之一。这个初始的宇宙密度涨落就像一颗种子，在马太效应的滋养下会越长越大。换言之，由于马太效应，物质密集区域和物质稀疏区域之间的密度差异会越变越大。最后，就会制造出一片物质密度远大于宇宙平均密度的区域。这片大密度区域中的物质（主要是氢和氦）一般以分子的形式存在。所以，它就被称为分子云。

为了便于理解，你不妨把分子云当成是恒星的育婴室。而分子云还可以再细分成三类。

---

① 宇宙版本的马太效应是英国天文学家詹姆斯·金斯（James Jeans）发现的，其学术名称是金斯不稳定性。

　　最大的分子云叫巨分子云，一般分布在几百光年的空间范围内，其质量约为太阳质量的几百上千万倍。下图就是一个典型的例子——金牛座巨分子云。

　　最小的分子云叫博克球状体，一般分布在不超过一光年的空间范围内，其质量约为太阳质量的几倍。下图就是一个位于 **NGC 281** 星云中的博克球状体。

　　介于巨分子云和博克球状体之间的是中等质量分子云，一般分布在

几十光年的空间范围内，其质量约为太阳质量的几十倍甚至上百倍。下图就展示了一个最有名的例子——位于老鹰星云中的创生之柱。

恒星诞生的第二阶段，是从分子云中产生原恒星。

1947 年，荷兰天文学家巴特·博克（Bart Bok）提出了一个假说：分子云会发生碎裂，从而形成一些分子云的碎块。每个碎块的中心都会出现一个非常致密的核心，而这个核心又会进一步吸引外围的物质。因此，分子云核心会被它的外围物质包裹起来，就像是一只被蚕茧包裹起来的蚕宝宝。

最初，分子云核心的温度相当低，大概只有 10 开尔文（相当于零下 263℃）。因为分子云核心一旦升温，就会发出大量的电磁波；电磁波

可以从外围"蚕茧"的缝隙中逃逸，从而把能量带走，让分子云核心的温度迟迟无法升高。

在温度很低的情况下，分子云核心向外扩张的压力远远小于其自身的引力。所以，分子云核心会处于加速收缩的状态。

随着外层物质越聚越多，外围的"蚕茧"会不断变厚。等"蚕茧"厚到能把电磁波全部拦截下来的时候，分子云核心的温度就可以显著上升了。当核心温度达到 3000 开尔文的时候，向外扩张的压力就能与引力达到平衡了。

这是一个关键的时点。此后，分子云核心的温度会进一步升高，让自己进入减速收缩的状态。这种处于减速收缩状态的分子云核心，就是所谓的原恒星。

为了便于理解，你不妨把原恒星当成是胚胎状态的恒星。图15就展示了一颗被称为"HOPS 383"的原恒星。

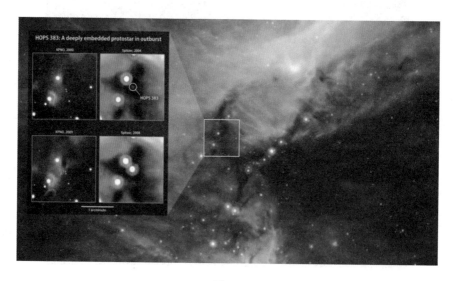

图15

恒星诞生的第三阶段，是从原恒星变成真正的恒星。

在这个过程中，会同时发生两件大事。

第一件大事，原恒星会继续地从包裹它的"蚕茧"中吸收物质。由于"蚕茧"中的物质是有限的，原恒星最后能吃掉整个"蚕茧"。

第二件大事，原恒星的温度会随体积的收缩而不断升高。当温度突破某个临界值的时候，就可以在原恒星的中心点燃氢核聚变。一旦氢核聚变被点燃，原恒星就会变成一颗真正的恒星。

完成这两件大事的先后顺序，决定了原恒星变成真正恒星的两种路径。

如果分子云碎块的体积比较小，就会形成一个小质量的原恒星，以及比较薄的外层"蚕茧"。在这种情况下，当原恒星把整个"蚕茧"都吃掉后，其中心依然没能点燃氢核聚变。此后，这个已经没有"蚕茧"包裹的原恒星会继续收缩，最终突破临界温度并点燃氢核聚变。这种路径，会形成一颗小质量恒星。

如果分子云碎块的体积比较大，就会形成一个大质量的原恒星，以及比较厚的外层"蚕茧"。在这种情况下，原恒星还没来得及把外层"蚕茧"吃掉，其中心就已经点燃了氢核聚变。氢核聚变释放的巨大能量，会把外围"蚕茧"直接吹散。这种路径，会形成一颗大质量恒星。

这就是恒星诞生的故事。

无论是小质量恒星还是大质量恒星，一旦在其中心区域点燃氢核聚变，就会进入主序星的阶段。

为了介绍什么是主序星，我得先给你科普一点天文学背景知识。

在 20 世纪初，丹麦天文学家埃纳尔·赫茨普龙（Ejnar Hertzsprung）和美国天文学家亨利·罗素各自独立地发明了一种研究恒星的重要工具，

也就是所谓的赫罗图。

赫罗图是一个给恒星分类的二维直角坐标系，其横坐标代表恒星的表面温度，而纵坐标则代表恒星的绝对亮度（绝对亮度是假定把天体放在离地球 32.6 光年远的地方，所测得的亮度）。根据表面温度，恒星可以分为 O、B、A、F、G、K、M 七类。其中 O 型恒星的温度最高，超过 30000 开尔文，主要发出蓝白光；而 M 型恒星的温度最低，介于 2400 开尔文到 3700 开尔文，主要发出橙红光。而根据绝对亮度，按由亮到暗的顺序，恒星又可以分为超巨星、亮巨星、巨星和矮星。

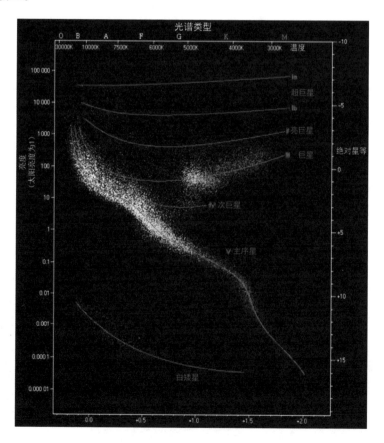

后来人们发现，包括太阳在内的绝大多数的恒星，都分布在赫罗图中一条从左上角延伸到右下角的对角线上（即赫罗图主序对角线）。赫罗图主序对角线上的所有恒星，其表面温度都与其绝对亮度呈正相关。这些位于赫罗图主序对角线上的恒星，就是主序星（除了主序星以外，还有两个恒星聚集区域。一个位于赫罗图的右上角，称为红巨星；另一个位于赫罗图的左下角，称为白矮星）。

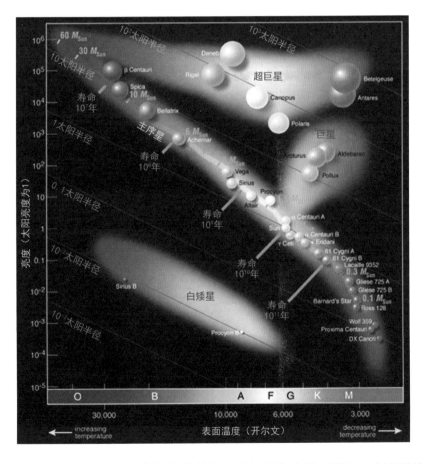

现在我们知道，天上绝大多数的恒星都是主序星。那么，主序星的本质是什么呢？最早揭开这个谜团的人，是英国大天文学家爱丁顿。

爱丁顿无疑是 20 世纪最伟大的天文学家之一。他一生中最有名的研究工作是基于 1919 年的日全食观测，验证了爱因斯坦的广义相对论。不过，这只是他在公众间知名度最高的工作，而不是他学术生涯的顶点。

真正奠定爱丁顿江湖地位的，是他在 1920 年发表的一篇名为《恒星内部结构》的论文。在这篇论文中，爱丁顿提出了一个最核心的问题：恒星到底靠什么来阻止自身的引力塌缩？正是这个问题，为人类揭开了恒星世界的神秘面纱。

爱丁顿对此问题的答案是，靠发生在恒星中心区域的氢核聚变。

氢核聚变会把 4 个氢原子核聚合成 1 个氦原子核，并释放大量的能量（此过程的能量转化率为 7‰，比烧煤的能量转化率要高上百万倍）。这些能量可以产生方向向外的辐射压，进而与恒星受到的方向向内的引力达到平衡。正因为如此，恒星才可以持续稳定的存在。

依靠氢核聚变来对抗自身引力的恒星就是主序星，这就是主序星的本质。也就是说，主序星是盛年的恒星。

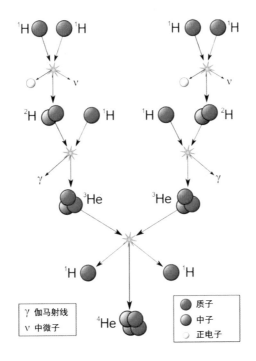

但是，一颗恒星中心区域的氢"燃料"并不是无穷无尽的。早晚有一天，恒星中心区域的氢燃料将会消耗殆尽，从而让氢核聚变中止（太阳中心的氢燃料还能再烧上 50 亿年。而质量是太阳 10 倍的恒星，只能再烧上几千万年）。到那时，恒星就会告别自己的盛年时期，迈向暮年时代。

由于中心区域的氢燃料已经消耗殆尽，迈向暮年的恒星将在引力的作用下开始收缩。恒星的收缩会让它的温度整体升高。如此一来，原本温度较低的恒星外围的氢壳层，就可以突破核反应的临界温度，进而点燃氢核聚变。也就是说，氢核聚变会转移到恒星的外围区域。这样一来，恒星外围的氢壳层就不会再收缩，而是转为膨胀，从而让恒星的亮度大大超过之前的主序星阶段。而恒星外围氢壳层的膨胀，又会让它的温度下降，从而发出红光。

另一方面，恒星中心区域的氦壳层（氦是由之前中心区域的氢核聚变产生的）还在继续收缩，从而让核心温度不断升高。当核心温度超过1亿摄氏度的时候，就可以点燃氦核聚变，产生碳和氧元素，并释放大量的能量。

当中心区域的氦核聚变被点燃的时候，就能与引力达成新的平衡。换句话说，靠着中心区域的氦核聚变的支撑，迈入暮年的恒星将重新达到稳定的状态。此时，对于远处的观测者来说，这颗恒星将呈现出亮度大、温度低、发红光的特征。这就是所谓的红巨星。

也就是说，红巨星是暮年的恒星。

但红巨星中心区域的氦燃料，也会消耗殆尽。此后的恒星，就会迈向死亡。而小质量恒星和大质量恒星的命运，将出现分叉。

像太阳这样的小质量恒星，会有一场比较平淡的葬礼。它会抛出外围的氢壳层，形成被称为"行星状星云"的发光气体云；这些行星状星云最后会逐渐消散，成为星际介质的一部分。

当所有的外围气体都被抛掉以后，由碳元素和氧元素构成的恒星内核就会暴露出来。这个内核还会继续塌缩。但由于质量不足，塌缩引起的温度升高始终无法点燃碳核聚变。最终，当这个恒星内核被引力压缩到和地球差不多大小的时候，它内部的电子简并压力[1]就可以与引力达

---

[1] 当距离很近时，一个电子会对另一个电子产生排斥力，这就是电子简并压力。对它的物理图像感兴趣的读者，可以参阅我之前写的《宇宙奥德赛：穿越银河系》一书的 2.3 节。

到平衡。

当电子简并压力与引力达到平衡以后，这个恒星内核就可以稳定地存在下去了。此时，对于远处的观测者来说，这个残存的恒星内核将呈现出亮度小、温度高、发白光的特征。这就是所谓的白矮星。

值得一提的是，白矮星有一个质量上限，也就是太阳质量的1.44倍，称其为钱德拉塞卡极限。一旦超过这个钱德拉塞卡极限，电子简并压力就无法再对抗引力。换言之，超过钱德拉塞卡极限的白矮星根本就无法存在。

白矮星，就是小质量恒星死后的归宿。

另一方面，质量能达到太阳质量 10 倍以上的大质量恒星，会有一场非常盛大的葬礼，也就是所谓的超新星爆发。

不同于死去的小质量恒星，大质量恒星的内核会因为自身的引力塌缩而达到极高的温度。这样一来，它就可以依次点燃碳、氧、硅的核聚变，直到在恒星最中心的位置产生一个铁核。这就形成了图 16 所示的"洋葱"结构。

与之前所有核聚变截然不同的是，铁核聚变不但不能释放能量，反而会吸收大量的能量。换句话说，铁核就不可能再聚变了。

在这种情况下，就连电子简并压力也无法再对抗恒星自身的引力。这意味着，引力会把铁核中的电子全部挤进原子核的内部。这些电子会与原子核内部的质子结合，变成中子。这就是所谓的恒星"中子化"过程。

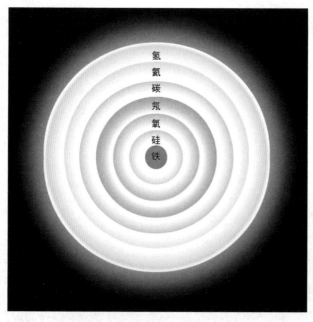

图 16

而恒星"中子化"的瞬间，会释放出海量的高能中微子（中微子是一种不带电荷、质量几乎为 0 的粒子，它也是宇宙中数量第二多的粒子）。这些高能中微子会向四面八方飞散，其实际效果就是一个中微子的大爆炸。这个中微子的大爆炸会把恒星的外层物质炸得四分五裂。由于发生了大爆炸的缘故，恒星的亮度能够达到平时的几千万倍，这就是超新星爆发。

　　超新星爆发是一场极端壮丽的宇宙烟花秀。在短短几十天内，这场烟花秀释放的能量，就能超过一颗恒星上百万年间释放的能量总和。正因为如此，一颗超新星的亮度就足以和一个星系相媲美。即使经历了上千年的岁月，超新星爆发的烟花秀依然能留下清晰可见的遗迹。其中最典型的例子，就是著名的蟹状星云。

超新星爆发后，会留下一个完全由中子构成的致密内核，这就是所谓的中子星。一般而言，中子星的半径约为 10 千米；而它的密度能达到水密度的 400 万亿倍。（一汤匙白矮星物质的质量，大概相当于一辆汽车；一汤匙中子星物质的质量，则大概相当于一座山。）不同于靠电子简并压力对抗自身引力的白矮星，中子星是靠中子简并压力来对抗自身引力的，这就是中子星的本质。

类似于白矮星，中子星也有一个质量上限，即太阳质量的 3 倍，称其为奥本海默极限。一旦超过这个奥本海默极限，中子简并压力也将无法对抗引力。这样一来，引力就会君临天下，最终把大质量恒星的内核压成一个黑洞。

黑洞是宇宙中最恐怖的监狱。它最核心的特征是：其逃逸速度能达到光速。正因为如此，只要进入了这个监狱的围墙（即黑洞的事件视界），就连宇宙中速度最快的光也不可能逃出它的魔掌[①]。

中子星和黑洞，就是大质量恒星死后的归宿。

我们已经讲完了恒星的一生。由于宇宙版本的马太效应，初始的宇宙密度涨落会逐渐演变成恒星。恒星在经历了盛年的主序星阶段和暮年的红巨星阶段后，会迈向死亡。小质量恒星的葬礼是行星状星云，然后留下一颗白矮星。大质量恒星的葬礼是超新星爆发，然后留下一颗中子星或一个黑洞。（还有一些质量最大的恒星，会直接塌缩成黑洞。）

但恐怖的是，最新的天文观测表明，在宇宙中能发光的所有恒星，其质量只占宇宙总质量的 5%。这意味着，宇宙的真正主宰，其实是我

---

① 对黑洞的物理图像感兴趣的读者，可以参阅我之前写的《宇宙奥德赛：穿越银河系》一书的 7.2 节。

们根本看不到的宇宙黑暗面，也就是所谓的暗物质和暗能量。

那么，人类是如何发现暗物质和暗能量的呢？

欲知详情，请听下回分解。

暗物质与暗能量 11

上节课的结尾，我们提出了这样一个问题：人类是如何发现暗物质和暗能量的呢？

事实上，无论是暗物质还是暗能量的发现，都是足以载入物理学和天文学史册的重大历史突破。接下来，我就来讲讲人类发现暗物质和暗能量的故事。

暗物质的故事，得从一匹"独狼"讲起，他就是瑞士天文学家弗里茨·兹威基（Fritz Zwickg）。

兹威基是苏黎世联邦理工大学的博士，也就是爱因斯坦的校友。20世纪20年代，他移居美国，任教于加州理工学院，并在威尔逊山天文台做兼职研究员。很快地，他就成了人们眼中的怪胎。

兹威基生性粗鲁，喜欢骂自己看不上的人是"混球"。由于怕别人听不懂，还总要在后面补充一句："混球就是具有球对称性、无论从哪个方向看都是混蛋的人。"那么，兹威基到底看不上哪些人呢？答案是加州理工学院和威尔逊山天文台的几乎所有人。

兹威基粗暴的性格让他树敌甚多。后来有一群人忍无可忍，给加州理工学院院长罗伯特·密立根（Robert A.Millikan）写过一封联名信，强烈要求开除兹威基这个"恼人的小丑"。

但密立根没有同意。他在回信中写道："我知道兹威基是个疯子，但他在科学上提出了很多富有革命性的疯狂点子。万一这些点子里，有一两个是对的呢？"

实际上，兹威基总共对了4个，分别是超新星、中子星、引力透镜，以及接下来要重点介绍的暗物质。

20世纪30年代，兹威基开始研究后发座星系团。为了测量这个星系团的质量，他采用了两种截然不同的方法：光度学方法和动力学方法。光度学方法通过测量星系团发出的光的亮度，来估算星系团中发光物质（即恒星）的质量；动力学方法则通过测量星系团边缘的天体的运动速度，来计算整个星系团的总质量。

兹威基最后发现，用动力学方法测出的星系团总质量，是用光度学方法测出的发光物质质量的400倍。换言之，在星系团中存在的绝大多

数的物质，我们都是看不见的。（以今天的眼光来看，兹威基的这个测量结果是错误的。他之所以会搞错，是因为他在估算过程中使用了当时流行的、但实际上是错误的哈勃常数。）

为了解释这个诡异的观测结果，兹威基提出了一个相当"疯狂"的点子：星系团中存在着一种看不见的物质，也就是所谓的暗物质（严格地说，兹威基并不是提出"暗物质"这个名词的第一人。但他最早用天文观测证明，暗物质的存在是一个非常现实的问题）。

需要强调的是，这里的"暗"并不是指黑暗，而是指透明。黑暗的物质会彻底吸收光，而透明的物质则会直接无视光。换句话说，暗物质根本不会与光发生任何相互作用。这样一来，光就可以毫无障碍地直接穿过暗物质，而不会被暗物质反射。因此，我们永远无法直接看到暗物质。

但是在科学领域，远远超越时代的先知往往会变成"先烈"。兹威基就没能逃脱这样的宿命。在长达40年的时间里，兹威基提出的这个暗物质理论，一直无人问津。

直到20世纪70年代，另一个人的横空出世才让暗物质得到了普遍的承认。此人就是美国天文学家薇拉·鲁宾（Vera Rubin）。

类似于我们之前介绍过的现代宇宙学之母勒维特，鲁宾在追求科学的道路上，也遭遇了很多歧视和不公。举个例子，在高中毕业那年，她向一所大学提出了申请，想去那里学习天文学专业。但是，招生面试官觉得女性不适合研究科学，竟试图引导她去学习更为"淑女"的美术专业。后来，这成了鲁宾朋友圈中的一个笑话。只要她在工作中遇到了挫折，就一定会有人问："你是否考虑过画画的职业？"本科毕业后，成绩优异的鲁宾满怀憧憬地申请了普林斯顿大学天文系的研究生项目。结果她被告知，普林斯顿大学天文系根本不招女生（直到1975年，普林

斯顿大学天文系才开始招收女生）。

但种种歧视和不公不但没打倒鲁宾，反而塑造了她强悍的个性。1954 年，鲁宾在乔治敦大学拿到了博士学位，随后成为了卡内基科学研究所的首位女研究员。1965 年，她得到许可，可以用帕洛玛山天文台的大型望远镜进行天文观测。这也让她成了历史上第一个获此殊荣的女天文学家。

但到了帕洛玛山天文台以后，鲁宾发现了一个问题：这里根本就没有女卫生间。于是她就把一张纸剪成了短裙的形状，并贴在了一个男卫生间的门上。然后她就守在那个卫生间的门口，把所有想去那里上厕所的男人都赶跑。从那以后，帕洛玛山天文台就有了女卫生间。

20 世纪 60 年代末，鲁宾开始与她的同事肯特·福特（Kent Ford）合作，研究一个当时很不起眼的领域：测量星系的旋转速度。

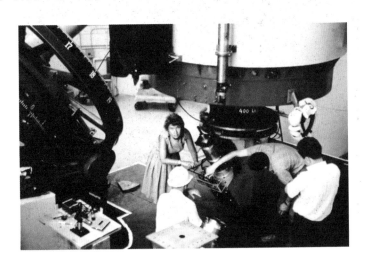

鲁宾选定的研究对象，是我们之前游览过的仙女座星系。在观测开始前，鲁宾和福特一致认为，他们肯定会看到这样的景象：离星系中心

越近的恒星，绕星系中心公转的速度就越大；离星系中心越远的恒星，绕星系中心公转的速度就越小。这也是我们在太阳系中看到的景象：离太阳越近的行星，其公转速度就越大；离太阳越远的行星，其公转速度就越小。

但最后的观测结果让鲁宾和福特都大吃一惊。他们惊愕地发现：恒星的实际公转速度竟然是一个常数，与恒星到星系中心的距离无关。

图17就展示了鲁宾和福特的发现。此图中的横轴表示恒星到星系中心的距离，纵轴则表示恒星的运动速度。鲁宾和福特本以为他们会看到恒星的公转速度随距离的增大而降低，也就是图中的虚线。但实际上，他们发现恒星的公转速度是一个常数，与距离无关，也就是图中的实线。这条后期逐渐变平的实线，就是著名的星系旋转曲线。

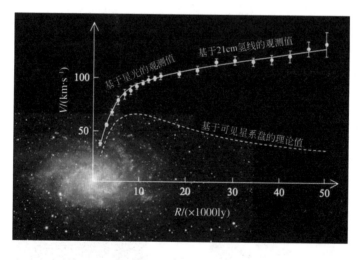

图17

起初，鲁宾和福特还以为这种诡异的结果是仙女座星系独有的。但后来，他们又研究了200多个星系，并发现了所有的星系都有一条相同的、后期逐渐变平的旋转曲线。这意味着，恒星公转的速度与它到星系中心的距离无关，这是一条适用于所有星系的普遍规律。

为什么说这个结果非常诡异呢？原因在于，如果星系边缘恒星的公转速度不随距离的增大而降低，那么它就可以挣脱星系引力的束缚，飞到遥远的太空中去。而随着星系边缘的恒星不断被剥离，整个星系也将土崩瓦解。但实际情况是，星系可以非常稳定地存在几十亿年。这到底是怎么回事呢？

唯一合理的解释，就是星系总质量远远大于我们看到的发光物质的质量。换句话说，在星系中必须存在大量的看不见的物质，它们提供的额外的引力牢牢地束缚住了星系边缘的恒星。也只有这样，整个星系才不会土崩瓦解。

星系中大量存在的这种看不见的物质，就是兹威基40年前预言的暗物质。根据鲁宾的估算，对于所有星系而言，其中包含的暗物质的质量，至少是能发光的恒星总质量的5~6倍。

1975年，鲁宾在美国天文学会的年会上报告了自己的发现。她指出：所有星系的旋转曲线都有后期变平的现象，这说明了所有的星系中都存在着大量的暗物质。这是人类历史上首次发现暗物质存在的确凿证据。

而暗物质的存在，后来也得到了其他天文观测（如引力透镜和星系团并合）的证实。

我们已经介绍了人类是如何发现暗物质的。接下来，就该讲暗能量了。

暗能量的故事能一直追溯到爱因斯坦。之前我们讲过，为了维持一个静态的宇宙，爱因斯坦在他的引力场方程中引入了一个宇宙常数项；这个宇宙常数项能产生斥力，从而与整个宇宙的引力达成平衡，并让整个宇宙保持静止。1931 年，哈勃发现了宇宙在膨胀。这让爱因斯坦追悔莫及，宣称引入宇宙常数是他一生中"最大的错误"。

后来，有些人〔如苏联大天文学家泽尔多维奇（Zel'dovich）〕也曾试着拯救这个宇宙常数理论，但全都铩羽而归。直到 20 世纪 90 年代末，两个美国的天文观测组做出了一个划时代的重大发现，这才让爱因斯坦的宇宙常数王者归来。

那两个观测组的科学目标，是利用 Ia 型超新星测量宇宙的膨胀速率。

先介绍一下什么是 Ia 型超新星。宇宙中大多数的恒星都处于双星系统。在两颗互相绕转的恒星中，肯定有一颗会先死，并且变成一颗白矮星。随后，没死的那颗恒星也会迈向暮年时代，并变成一颗红巨星。这样一来，白矮星就可以从体积膨胀的红巨星那里吸积物质，形成一个宛如海底漩涡的吸积盘。一旦白矮星和吸积盘的总质量超过了钱德拉赛卡极限（太阳质量的 1.44 倍），就会引发一场巨大的核爆炸，从而让自身的亮度急剧增大。这场由白矮星吸积伴星物质所引发的大爆炸，就是 Ia 型超新星爆发。

因为所有的 Ia 型超新星爆发时所释放的总能量一定是太阳质量的 1.44 倍，所以可以近似地认为，Ia 型超新星的绝对亮度固定不变。这样一来，就可以把 Ia 型超新星视为标准烛光，来进行距离测量。另一

方面，Ⅰa 型超新星相对于地球的视向速度，可以用多普勒效应来测。通过比较一批 Ⅰa 型超新星的视向速度和它们到地球的距离，就可以确定宇宙的膨胀速度了。

但这两个天文观测组的测量结果，让所有人都惊掉了下巴。他们的结果表明：宇宙不但在膨胀，而且在加速膨胀。

这到底是怎么回事呢？我们来打一个比方。

想象有一个田径运动员，他跑步的速度是恒定的 10 米 / 秒。现在，让他在逆风的环境下跑上 10 秒。10 秒之后，我们再测量他所跑的距离。

按理说，由于逆风，这个运动员跑过的距离肯定不到 100 米。但实际的测量结果表明，他跑过的距离竟然远远超过了 100 米。这是怎么回事呢？唯一的可能是，运动员所处的环境根本不是逆风，而是顺风。

现在，让我们把这个奔跑的运动员想象成一个正在膨胀的宇宙。逆风意味着，引力的存在会让宇宙的膨胀减速；但实际的测量结果表明，宇宙的膨胀不但没有减速，反而在不断加速，这就是所谓的宇宙加速

膨胀。

1998 年，这两个天文观测组各发表了一篇论文，宣布他们发现宇宙正在加速膨胀。这是继哈勃发现宇宙膨胀以来最重大也最震撼的宇宙学发现，被《科学》杂志评为了当年的十大科学突破之首。这个发现也让三位美国科学家［索尔·珀尔穆特（Saul Perlmutter）、布莱恩·施密特（Brian Schmidt）、亚当·里斯（Adam Riess）］获得了 2011 年的诺贝尔物理学奖。

宇宙加速膨胀意味着：主宰整个宇宙的并不是引力，而是斥力（斥力就对应于运动员所处的顺风环境）。那么，这种神秘的斥力到底从何而来？

目前学术界最主流的观点是：这种斥力源于一种非常神秘的事物，也就是所谓的暗能量。

暗能量有三个最核心的特征。第一，它是透明的。也就是说，它不会与光发生任何相互作用，因而永远也不会被看到，所以才叫"暗"。第二，它会产生斥力。因此它与物质存在着本质上的不同，所以才叫"能量"。第三，它在宇宙中均匀分布，不会聚集成团。事实上，它是一种源于真空的能量，藏在我们每个人的体内和身边。

那我们为何在日常生活中完全感受不到暗能量的存在呢？因为它的密度太小了，每立方厘米内的质量还不到 10^{-29} 克。如果把 100 多个地球内包含的暗能量都加在一起，也只有区区 1 克。因此，我们在宏观尺度上完全无法感知暗能量的存在。但是放眼整个宇宙，暗能量聚沙成塔，变成了主宰整个宇宙的力量（最新的天文观测表明，暗能量目前占宇宙总物质组分的 68.3%）。

暗能量到底是什么呢？ 20 多年后的今天，人类对此依然知之甚少。

到目前为止，物理学家们已经提出了成百上千种暗能量模型。但目前最受天文观测青睐的，依然是爱因斯坦在 100 多年前提出的宇宙常数模型。这个宇宙常数模型说的是：源于真空的暗能量的能量密度，永远都是一个常数，不会随时间推移而发生改变。

基于暗物质和暗能量的发现，科学家们构造了一个"标准宇宙模

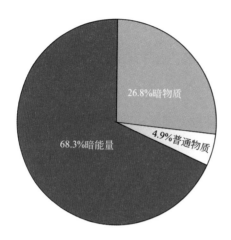

型", 也叫 "ΛCDM 模型"。它说的是, 我们的宇宙正由暗能量（即宇宙常数 Λ）和冷暗物质（即运动速度缓慢的暗物质, cold dark matter, 简称 CDM）统治。其中暗能量占宇宙总物质组分的 68.3%, 冷暗物质占 26.8%。

或许你会好奇, 暗能量到底有什么用。答案是, 它将主宰宇宙的最终命运。那么, 暗能量将会如何主宰宇宙的最终命运?

欲知详情, 请听下回分解。

宇宙的终极命运 12

　　上节课的结尾，我们提出了这样一个问题：暗能量将会如何主宰宇宙的最终命运？

　　在回答这个问题前，我们得先讲讲暗能量为什么能主宰宇宙的命运。

　　我们之前讲过，暗能量目前占宇宙总物质组分的 68.3%。随着宇宙的不断膨胀，宇宙中物质的密度将不断减小（随着宇宙的膨胀，宇宙的体积将不断增大，但其中包含的物质总量不变，所以密度就会不断减小）。但根据爱因斯坦的宇宙常数理论，暗能量的密度只取决于真空的性质，而与宇宙的膨胀无关。因此，暗能量的密度始终是一个常数。这意味着，随着时间的推移，暗能量在宇宙总物质组分中所占的比例将不断提高，并最终趋向于 100%。所以，宇宙的命运必将由最终占比 100% 的暗能量主宰。

　　接下来，我要介绍宇宙有哪些可能的命运。在暗能量发现之前，人类普遍认为，宇宙有三种可能的命运，即"大挤压""大反弹"和"大冻结"。为了讲清楚"大挤压""大反弹"和"大冻结"的含义，我要先做一个类比。

想象有一个乒乓球，被你用力地抛向空中。那么这个乒乓球就有三种可能的结局。

第一种结局，乒乓球飞行的速度不够快，被地球引力拉了回来，随后一头栽在地上，再也弹不起来。

第二种结局，乒乓球飞行的速度不够快，被地球引力拉了回来，接着被地面反弹，然后又被地球引力拉回。如此弹起、落下、弹起、落下，不断循环。

第三种结局，乒乓球飞行的速度足够快，从而彻底挣脱地球引力的束缚，飞向太空，一去不复返。

现在，把乒乓球的飞行想象成宇宙的膨胀，把地球的引力想象成整个宇宙的引力，这样就可以把上述的三种结局与宇宙的三种命运一一对应。

第一种结局对应"大挤压"。它说的是，宇宙将来会由膨胀转为收缩，并最终将其中包含的所有物质都挤压进一个体积无穷小、密度无穷大的时空奇点。

第二种结局对应"大反弹"。它说的是，宇宙将来会由膨胀转为收缩，而收缩到足够小的时候又会被反弹，从而重新开始膨胀。这样一来，宇宙就会在不断的膨胀与收缩中，循环往复。

但是暗能量的发现，几乎宣判了"大挤压"和"大反弹"理论的"死

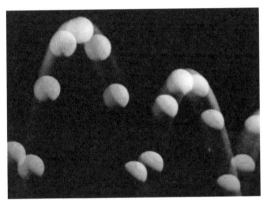

刑"。因为，乒乓球已经不会再落回地面了；它将在暗能量所产生斥力
的推动下，加速飞离地球。因此，宇宙将走向第三种结局，即挣脱引力
束缚，永远膨胀下去（也有极少数的暗能量理论认为，宇宙还是有可能
在遥远的未来由加速膨胀转为最终收缩）。换言之，宇宙的最终命运将
是"大冻结"。

"大冻结"意味着，宇宙将迎来一个黑暗、寒冷、孤独的死亡。在
此过程中，有以下几个标志性事件。

（1）在目前的宇宙中，既有恒星在死亡，也有恒星在诞生。但早晚有一天，宇宙中所有的恒星都会死亡，并且不会再有新的恒星诞生。此后，宇宙就将陷入永恒的黑暗。

（2）宇宙加速膨胀会让室女座超星系团（也就是我们住的这个"省"）以外的所有星系，都离我们越来越远，直到再也无法看见。换句话说，宇宙加速膨胀会不断扩大宇宙之海的尺度；被引力束缚、面积无法扩大的超星系团，将变成漂浮在这片海里的宇宙孤岛。

（3）随着动能的耗尽，所有的人造地球卫星最后都会落回地球。类似地，随着动能的耗尽，所有的天体最后都会落入超星系团中心的超大质量黑洞。到那时，所有的宇宙孤岛都会变成无比巨大的黑洞，像一个个盘踞在宇宙中的可怕怪物。

（4）黑洞依然不是终点。随着宇宙的膨胀，宇宙微波背景的温度将不断降低，最终会低于所有黑洞的温度。此后，黑洞就会开始蒸发（这就是所谓的霍金辐射），变得越来越小。早晚有一天（一般认为，至少要花 10^{1000} 年），宇宙中所有的黑洞都会蒸发殆尽。到那时，宇宙中的万事万物都会烟消云散。

黑暗、寒冷、几乎空无一物，这就是宇宙"大冻结"的最终结局。

但在 20 世纪末，有人发现"大冻结"并非宇宙唯一可能的命运。此人就是美国物理学家罗伯特·考德威尔（Robert Caldwell）。

1999 年，考德威尔提出了一个全新的暗能量模型。当时恰好有一部好莱坞大片在热映，那就是《星球大战 1：幽灵的威胁》。为了向这部大片致敬，考德威尔用幽灵的英文单词 phantom 来给自己的模型命名，

其中文译名是幻影暗能量。

　　但是考德威尔写的这篇提出幻影暗能量的论文，却遭到了学术界的围剿。它遭到了数名审稿人的刁难，直到三年后才得以正式发表。为什么大家都不喜欢这篇论文呢？原因在于，它揭示了一种匪夷所思的可能性：暗能量的密度会随着时间的推移而不断变大。

　　潘多拉魔盒就这样打开了。一场灾难也随之降临。

　　我来解释一下，这到底意味着什么。我们所熟悉的世界，其稳定是靠引力维系的。而且，对于一个引力束缚系统（如行星、恒星、星系和星系团）而言，引力的大小是固定的，不会随时间的推移而发生改变。

　　但是充斥在宇宙的每个角落、并且能产生斥力的暗能量就不同了。特别是这个幻影暗能量，其能量密度会随着时间的推移而不断变大。这就意味着，它产生的斥力也会越来越大。

　　目前，暗能量的密度还不到 10^{-29} 克／立方厘米，所以我们完全感受不到它发出的斥力。但要是暗能量产生的斥力能随着时间的推移而不断变大，早晚有一天，它将超过所有引力，从而破坏原本由引力维系的整个世界的稳定。换句话说，到时宇宙中所有的结构，无论是银河系、太阳系、地球还是我们自身，都会被幻影暗能量从内部撕碎。幻影暗能量从内部撕碎一切的这个恐怖末日景象，就是所谓的宇宙"大撕裂"。

宇宙"大撕裂"到底是一个怎样的景象？2012年，我与4位同事合作，写了一篇研究宇宙最终命运的论文，并得到了几十家中外媒体的报道。我们的研究结果表明，宇宙"大撕裂"确实有可能发生。在最坏的情况下，宇宙甚至有可能在167亿年后就遭遇毁灭。

接下来，我就基于这篇论文，为你播放一部关于宇宙"大撕裂"的末日影片。

假设宇宙大撕裂发生在公元167亿年12月31日的24∶00。公元167亿年与现在最大的不同是，天上的星星早已全部消失。除此以外，在最后一年大多数的时间里，我们并不会感受到任何的异常。

但到了10月31日，冥王星会突然消失。随后，海王星、天王星、土星、木星和火星，也会一个接一个地神秘失踪。

到了 12 月 26 日，月球也离家出走了；它挣脱了地球引力的束缚，像脱缰的野马一样，消失在了太空的深处。

真正恐怖的事情发生在 12 月 31 日的午夜。那天晚上的 23 : 32，太阳死后留下的那颗白矮星，会突然分崩离析。到了 23 : 44，地球也突然土崩瓦解。在末日到来前的 10^{-17} 秒，就连原子都会被幻影暗能量的强大斥力撕碎。然后就是"大撕裂"的时刻。这时幻影暗能量将君临天下，彻底摧毁宇宙中的一切。整个宇宙，甚至包括时间本身，都会在这一刻走向终结。

美国桂冠诗人罗伯特·弗罗斯特（Robert Frost）在他的名作《火与冰》中写下了这样的诗句："有人说世界将终结于火，有人说是冰。"这恰好对应宇宙可能面临的两种最终命运："大撕裂"和"大冻结"。所以宇宙是一首最典型的"冰与火之歌"。

但不管是冰的结局还是火的结局，宇宙最后都会变成一个黑暗、寒冷、空无一物的地方。正所谓"好一似食尽鸟投林，落了片白茫茫大地真干净"。

图片来源